# 苹果矮化
# 高质量发展栽培技术

李丙智　褚广东　编著

西北农林科技大学出版社

图书在版编目（CIP）数据

苹果矮化高质量发展栽培技术 / 李丙智，褚广东编著.
—杨凌：西北农林科技大学出版社，2021.8
ISBN 978-7-5683-0991-2

Ⅰ.①苹… Ⅱ.①李…②褚… Ⅲ.①苹果—矮化栽培—栽培技术 Ⅳ.①S661.1

中国版本图书馆CIP数据核字（2021）第169423号

## 苹果矮化高质量发展栽培技术

李丙智　褚广东　编著

| | |
|---|---|
| 出版发行 | 西北农林科技大学出版社 |
| 地　　址 | 陕西杨凌杨武路3号　　邮　编：712100 |
| 电　　话 | 总编室：029-87093195　发行部：029-87093302 |
| 电子邮箱 | press0809@163.com |
| 印　　刷 | 西安浩轩印务有限公司 |
| 版　　次 | 2021年8月第1版 |
| 印　　次 | 2021年8月第1次 |
| 开　　本 | 889mm×1194mm　1/32 |
| 印　　张 | 5 |
| 字　　数 | 130千字 |

ISBN 978-7-5683-0991-2

定价：18.00元
本书如有印装质量问题，请与本社联系

# 编委会

李丙智　西北农林科技大学教授，宝鸡苹果研究院院长
褚广东　千阳西农苹果试验示范协会监事会副会长
刘海龙　淳化天地生态农业科技有限公司技术部部长
赵小弟　淳化县园艺站站长
李永焘　千阳县果业发展中心助理农艺师
刘北平　原平凉市果业生产办公室副主任
李高潮　西北农林科技大学研究员、硕导；
　　　　千阳苹果试验示范站站长
郭晓龙　千阳天地生态农业科技有限公司技术顾问
旺堆多吉　原西藏加查县林业局高级技师，现任山南旭
　　　　日建筑有限公司苹果基地技术总负责
王俊峰　西北农林科技大学副研究员
张立功　中化总公司苹果技术代表

# PREFACE 前言

近年来,随着各地苹果种植面积及产量的显著增加,苹果销售市场行情却越来越差,高质量发展果业是今后的栽培方向。另外,苹果种植是劳动密集型产业,果树的修剪、施肥、浇水、疏花疏果、果实套袋、除草、采收等用工量极大,随着农村劳动力的减少及老龄化的到来,省工省力的苹果矮化栽培已成为苹果产业发展的主要趋势。推广苹果矮化栽培技术,对实施陕西省3+X特色产业发展,促进我国苹果栽培制度的变革意义重大。

利用无病毒的矮化砧木,通过压条或组织培养带根系的无病毒矮化砧木苗,再嫁接无病毒品种,可以培育无病毒矮化自根砧苗木。应用无病毒自根砧苗木建园是世界苹果栽培的发展方向和趋势。

该书系统介绍了苹果矮化自根砧的优势与前景,矮化自根砧与中间砧区别及矮化自根砧苗木培育、果园建立、整形修剪、减肥减药、病虫害防治、高质量发展等方面的简化栽培技术,特别在我国首次介绍了西藏苹果生产现状及存在问题与对策。可作为专业学位研究生、本科生及果业科技推广人员、苹果专业大户、苹果产业化企业技术员的教材及培训资料。

该书在陕西省科技厅苹果重大专项(2020zdzx03-06-01)等项

目成果的基础上编著而成。由于时间较短，作者水平有限，书中不妥之处，敬请批评指正！

本书参考了陕西省果业管理局、宝鸡市果业蔬菜管理局2016年3月编写的"苹果矮砧栽培技术培训会资料汇编"，美国康奈尔大学陈来亮、Terence Rodinson、Ralph Christy、Stephen Hoying等教授的讲课内容；西藏山南市雅砻投资有限公司渠春琴、日喀则市农投公司吕锋为本书提供了技术资料，在次一并致谢！

作者

2021年6月

# 目录 CONTENTS

**第一章　国内外苹果矮化栽培现状** …………………… 001

　第一节　国外苹果矮化栽培现状 ………………… 002

　第二节　国内苹果矮化栽培现状 ………………… 012

**第二章　自根砧与中间砧的区别及发展模式** ………… 019

　第一节　苹果矮化苗木及培育过程区别 ………… 020

　第二节　未来苹果发展模式 ……………………… 023

**第三章　自根砧主要优缺点及苗木培育** ……………… 030

　第一节　自根砧主要优缺点 ……………………… 030

　第二节　CL246特点及应用 ……………………… 036

　第三节　苗木培育 ………………………………… 038

## 第四章　果园建立及综合管理 ········· 051

### 第一节　不同品种自根砧幼树生长结果情况········· 051
### 第二节　8县（市区）自根砧冻害调查分析········· 057
### 第三节　西藏特殊苹果产区发展矮化栽培的前景分析··· 063
### 第四节　10年自根砧栽植情况总结········· 069
### 第五节　苹果新品种介绍········· 071
### 第六节　建园技术········· 078
### 第七节　栽植后综合管理········· 089
### 第八节　疏花疏果研究与现状········· 093

## 第五章　整形与修剪········· 099

### 第一节　国内外整形修剪现状与树形比较········· 099
### 第二节　高纺锤树形及培养技术········· 103
### 第三节　整形修剪的主要方法········· 108

## 第六章　肥水管理········· 114

### 第一节　美国精准灌溉及海升、华圣肥水管理········· 115
### 第二节　自根砧浇水与干旱试验········· 120

第七章 病虫害防治 …………………………………… 123
　第一节 主要病害防治 ………………………………… 123
　第二节 主要虫害防治 ………………………………… 130

第八章 苹果矮化高质量发展栽培关键技术 ………… 137
　第一节 高质量苹果的质量指标 ……………………… 137
　第二节 高质量生产关键技术 ………………………… 138

附录一 主要病虫害及防控药剂 ……………………… 145

附录二 农药使用兑水比例 …………………………… 146

主要参考资料 …………………………………………… 147

# 第一章　国内外苹果矮化栽培现状

苹果矮化砧密植栽培技术是现代苹果产业发展的趋势，另有结实早、产量高，便于机械化作业，节省劳动力；节约土地资源的优势。我们在此基础上，利用无病毒矮化砧木通过压条或组织培养带根系的无病毒矮化砧木苗，再嫁接无病品种，培育无病毒自根砧苗木建园。"五省"就是：一节省劳动力，便于机械化作业，用工量比乔砧至少节省50%以上劳动力；二省土地，由于栽植密度比乔砧增加3~4倍，就等于节省土地；三省肥，由于树冠体积小，施肥可节省40%；四省水，通过滴灌设施，可节约用水50%；五省药，采用无病毒自根砧苗木建园，提高了苗木抗病性，高纺锤树形树冠体积小，能使果树内外上下都均匀用药，杀虫效果好，而乔化、中间砧果树的树冠高大，喷洒的农药不能充分与叶片接触，费药且用药成本加大30%~50%。"一高"就是：产量高，一般5~6年生树666.7m²（666.7m²≈1亩，全书同）产量4~5t，而乔砧一般仅2~3t，产量高，必然效益就高。由于矮化自根砧果树采用宽行密植栽培，通风透光着色好，商品性高，经济效益高。"一早"就是：结果早，一般乔砧苹果5年左右结果，自根砧苹果一般栽植2年生带分枝大苗，栽植当年开花，第2年结果0.5~1t，第3年666.7m²产量1~2t，结果早收益也早。

"一浅"就是：根系浅，容易被风吹倒，需要篱架栽培。但根系多在地表，地表土壤肥沃，通气性好，有利于吸收根生长，并且降水量在5mm内，就可吸收利用，充分利用了降水资源。

## 第一节　国外苹果矮化栽培现状

苹果矮化砧木，就是从苹果属中筛选出一种能使苹果树体变小、结果早、方便管理的砧木。有关苹果矮化栽培，1472年法国人Champier在叙述法国诺曼底的苹果时提到过乐园苹果。至于道生苹果1519年始见于文献。当时欧洲各国对乐园苹果和道生苹果的名称应用很混乱，直到1872年英国园艺学会首先提出对其进行分类研究。1912年英国东茂林试验站的Hatton将其定名为营养系砧木，以后选出了EM系砧木，1972年英国东茂林试验站站长Perlira提议将EM改为M，同时推动了世界苹果矮化栽培的发展。

据中国农业大学韩振海教授研究报道，苹果产业发达国家广泛采用矮化密植栽培，目前世界苹果主产国新建果园基本上全部应用无性系矮化砧木，大多数国家已占苹果总面积的90%以上，欧洲苹果生产100%采用矮化密植栽培（表1-1）。苹果生产选用的矮化砧木主要为M9及其优系T337，而且M9和T337是目前欧洲、大洋洲及韩国正在积极推广的矮化砧木类型，应用比例仍在逐渐增大。日本生产上主要应用M26，前几年选育出了JM系列苹果矮化砧木，目前正在积极推广。美国地域辽阔，所采用砧木类型比较丰富，M9、B9和M26应用较广（表1-2），康奈尔大学的CG、G系列也开始推广。西方国家苹

# 第一章 国内外苹果矮化栽培现状

果矮化砧木的利用方式均为自根砧。综合分析世界苹果产业发展的趋势，认为采用矮化自根砧实现矮化密植是当今及未来世界苹果产业发展的重要趋势。

表1-1　2012年世界苹果栽培发达国家矮化密植比例

（单位：万公顷）（韩振海，2015）

| 区域 | 总面积 | 矮化密植面积 | 矮化密植比重（%） |
| --- | --- | --- | --- |
| 美国 | 13.27 | 9.29 | 70 |
| 欧洲 | 105.05 | 105.0 | 100 |
| 日本 | 3.74 | 1.24 | 33 |
| 韩国 | 3.07 | 2.46 | 80 |
| 大洋洲 | 3.08 | 2.77 | 90 |
| 中国 | 230.0 | 34.5 | 15 |

表1-2　世界苹果栽培发达国家矮化砧木应用比例

（单位：%）（韩振海，2015）

| 区域 | M26 | B9 | T337 | M9 | JM | MM106 | 其他 |
| --- | --- | --- | --- | --- | --- | --- | --- |
| 美国 | 20 | 20 |  | 30 |  | 9 | 21 |
| 欧洲 |  | 3 | 40 | 50 |  |  | 7 |
| 日本 | 50 |  |  | 6.7 | 25 | 15 | 3.3 |
| 韩国 | 30 |  |  | 50 |  |  | 20 |
| 大洋洲 |  |  |  | 50 |  | 50 | 0 |
| 中国 | 41 |  | 45 | 1 |  | 1 | 12 |

20世纪60年代欧美国家开始推广苹果无毒化栽培。英国于1965年制订出无病毒苗木计划，并完成了苹果无毒化的普及工作。到1982年，美国已全部推广苹果无病毒栽培。荷兰从20世纪60年开始研究苹果病毒，目前无病毒苹果园占苹果栽培总面积的80%以上，并向许多国家出口无病毒苹果苗木。到目前为止，法国、意大利、加拿大、德

国、波兰等国家也相继实现了苹果无毒化栽培。目前我国无病毒栽培面积不足总面积的3%，加快我国果树无毒化栽培进程势在必行。

## 一、英国

位于伦敦东南肯特都的东茂林果树试验站是世界苹果矮化密植研究最早的单位，从1929年开始利用M系和各种砧木杂交，从中选育出一些矮化极好的优良砧木。如1959年发布的M26为M16×M9，属于半矮化砧；1974年发布的M27为M13×M9，属于矮化砧；20世纪80年代推出的3426，其亲本为M7×M9，属于极矮化砧，10年生嫁接树的高度不足60cm。从1940年开始东茂林试验站（位于英国西南朗·阿什顿真）和朗阿试验站共同进行了脱病毒研究，提供了M9EMLA、M26EMLA、M27EMLA及MM系的104、106、111无病毒砧木供应生产。英国目前在生产上应用的营养系砧木为MM106、M9、M26、M27和MM111，并且以自根砧应用为主，中间砧很少。英国农业人口占总人口的2.7%，园艺作物产值占种植业的1/3，在园艺作物中蔬菜占60%，水果和花卉占40%，水果以苹果、梨为主，其中苹果总产量30万吨，栽培模式为矮砧密植。

## 二、法国

目前法国新建果园，栽培面积第一是爵士，第二是粉红女士，第三是澳洲青苹。一般3.5m行距，0.5~0.8m株距，一个树上有16~20个分枝，分3~4层，每层5~6个分枝。枝条自然生长，不拉枝，不刻芽。但要疏除粗度大的分枝。每12株有一个专用授粉树，在2~12年内666.7$m^2$产量稳定在6000kg。在果园生产成本方面，法国1h工价10~12欧元，其中疏果1$hm^2$，用70h；修剪1$hm^2$用工150h；采果1h采250kg，666.7$m^2$的产量6000kg，用工24h；每年喷药25次，每小时喷药3.3hm$^2$，即每年喷药用工12.5h；其他灌水施肥、除草合计666.7m$^2$年用工55.2h，即666.7m$^2$用工6.9d。法国目前新建果园几乎全部采用M9系列的矮化自根砧，栽植密度较高（2500~3500株/hm$^2$）。建园时选用质量好，粗壮苗木。整形方式是中轴形、疏层形、细长纺锤形等整形技术结合，可称之为"高纺锤形"。先进的果园管理技术实现了苹果的高产、高质量。栽植后第2年的平均产量为10 t/hm$^2$；第3年可达到25~30t/hm$^2$；4年以后将增至40~50t/hm$^2$。

## 三、意大利

在世界苹果矮化方面，意大利最成功，几乎把所有的乔砧苹果园挖除了，改换为管理简单的苹果矮化自根砧。化学疏花疏果已在意大利博洛尼亚地区普遍使用，以最大限度地节省劳动力。配合专门树形开发的机械疏花疏果也在意大利大量应用。一般从花期就开始喷布疏果剂，有些在果实直径1cm喷1次，有些在花后30d还要喷1次，喷布次数与品种关系很大，其中澳洲青苹、魔笛等品种仅喷1次疏果剂就行了。

意大利博洛尼亚地区推广"BIBAUM"新树形（Y字形双主杆树形），品质好，产量高，一般60t/hm$^2$，株行距为3.5~3.8m×1.2m，树高2.5 m，双主干呈Y字形布于行平面上，间距0.6m，在双主干上直接着生长短不一、角度下垂的结果枝，干枝比大，无大侧枝，此树形缓树势，减少修剪量，保持树冠内的光照良好，树体更加矮化，易于管理，更便于机械操作，单位面积内主干数量大幅增加，提高土地利用率。双主干形果园，第2年每株结40个果实（其中每个主干20个果实），株产13kg。主干高仅50cm，比高纺锤形早结果、早丰产、易修剪，第一分枝距地面50cm，第3年每株结70个果实（其中每个主干35个果实），株产23kg。高纺锤形果园栽后第1年不结果，第

2年株产5~10kg，第3年株产10~15kg（在第3年即可收回所有建园成本），第4年株产25kg，第5年株产40~50kg，即第5年666.7m²产量可达4000~50000kg，6年生6000kg。现在平均666.7m²产量6000kg，是中国的3~6倍。进入20世纪90年代，苹果树以3300~4000株/hm²的高密度栽植，且都使用矮化M9自根砧木无性繁殖的苗木。通常选择2年生的优质、强壮、分枝能力强的大苗直接栽植。在意大利南提洛尔地区，地理条件优越、实践经验丰富的果农产量普遍可超过60t/hm²。

## 四、荷兰

由于利用矮化砧，使荷兰一跃成为苹果的主要出口国之一。在20世纪80年代，全国约有70%以上的苹果树是用M系砧木嫁接的，主要推广M9、M1、M2、M4、M7等砧木。并大量向世界各国出口自根砧M9-T337大苗。荷兰研究选育出M9-T337新砧木，研究提出了高纺锤形及Knip-tree 2年生带分枝大苗培育技术，对世界苹果栽培贡献极大。荷兰2012年苹果面积已从1992年1.6万公顷下降到0.82万公顷，下降幅度为49.25%。品种方面Elstar占41.4%，乔纳金占17.5%，澳洲青苹占1.4%。育苗时，当M9苗高40cm，其中培土的生根段10~15cm，移栽后M9从离地面30cm处嫁接品种，品种段长到20~25cm开始，喷布2~3次普洛马林，产生6~7个分枝，且长度40cm左右，其中第一个分枝离地面70cm。苗木生长期间每隔2周浇水1次，年施肥4次。成品苗每株4.5欧元。采用起苗机，平均每人每日起苗4000株。现在欧盟规定不施用普洛马林，他们改用6-BA，喷4~5次6-BA，第2年苗木品种长到离地面70cm时进行断截，再长出5~7片叶进行摘心，共摘心4~5次。新建果园用机械栽树，平均每人每天栽2500株苗。建园后第1年不留果，从第2年开始留果。一般冬季除疏除大枝外，再不进行修剪，但在5月下旬，新梢长到20cm时，用机械进行修剪，萌发的新枝，当年可形成花芽。在2000年之前，用矮状素抑制树体生长，现在用断根方法，在萌芽前进行，离树干30cm以外进行断根，第1年断一边，第2年断另一边。根系修剪机，可调节修剪刀的角度和深度，遇到坚硬障碍物能自动避开，其中第1和第2年刀度要直，第3年刀度要斜。

## 五、波兰

苹果面积13万公顷，产量150~200万吨，苹果产量在世界名列第8位，与俄罗斯的苹果总产量相近。因生长期短及冬季冻害问题，富士和澳洲青苹表现不佳。利用M9和普通安托诺夫卡进行杂交，现在已经选育出了Ro、Pe等新的矮化砧木。几个较现代化的果园最近已经开始进口西欧 M9矮化砧木嫁接的有分枝的苗木，栽植密度提高到1800~2500株/hm$^2$。如今的高密度果园生产量可达到30~40t/hm$^2$。目前推广砧木主要有M9、T337、B9等，其中M9占80%以上。波兰苹果发展进程见表1-3，由稀植乔砧到半矮化中间砧、又发展到矮化中间砧，现在发展矮化自根砧。

表1-3 波兰苹果栽植密度

（Andrej Aprzybyl,2006）

| 年份 | 株行距(m) | 密度(株/hm$^2$) | 砧木 | 初始结果年限 | 产量(t/hm$^2$) |
|---|---|---|---|---|---|
| 1919~1950 | 10×10<br>10×8 | 100<br>125 | 乔化砧 | 8~10 | 10~15 |
| 1951~1970 | 8×6<br>7×5 | 208<br>285 | 乔化砧 | 6~8 | 20~25 |
| 1971~1980 | 6×4<br>5×3.5 | 416<br>571 | 乔化砧及半矮化A2 M7、MM106砧木 | 5~6 | 25~30 |
| 1981~1990 | 4×2.5<br>3.5×1.5<br>3×1 | 1000<br>1905<br>3333 | 中间砧B9、P2 M26、M9 | 4~5 | 30~40 |

续表

| 年份 | 株行距(m) | 密度(株/hm²) | 砧木 | 初始结果年限 | 产量(t/hm²) |
|---|---|---|---|---|---|
| 1991~1998 | 3.5×1.2<br>3×1<br>3×0.8<br>2.5×0.4<br>(3+1)×1<br>(3+1+1)×1 | 2380<br>3333<br>4166<br>10000<br>5000<br>6000 | 中间砧M9、M26、P60<br>M9、P16、P22、P59<br>P22、P59<br>M9、P16、P22、P59 | 3~4 | 30~50 |
| 1999至今 | 3.5×1.2<br>3.5×1<br>3.5×0.8 | 2380<br>2857<br>3571 | 自根砧M9、M9-T337、P16、P22、P60<br>P16、P50、P22 | 2~3 | 40~70 |

## 六、美国

美国科研院校对矮化砧选育十分重视，康乃尔大学杰尼瓦试验站以抗病虫为目标选育出CG系砧木，如CG10、CG26、CG47、CG80、CG23、CG57；抗重茬的G935。密执安州立大学选育出MAC1系砧木，如MAC1、MAC9、MAC10、MAC25、MAC39、MAC46等。农业部研究中心选育出USD系列砧木，如USD1225、USD312、USD316、USD323、USD329、USD1256、USD1263等。在美国1960年之前，苹果栽植密度是100株/hm²，1960~1980年为600株/hm²，1980年之后为1500株/hm²以上。在20世纪80年代初，美国苹果生产中利用的矮化砧栽培在西部地区约占70%，在东部地区约占30%。现在美国新建苹果园基本上都采用苹果自根矮化砧，其中M9系列占60%，B9占20%，M26占10%，其他砧木，包括CG、G935等占10%，树形主要为高纺锤形。栽后第2年结果，第4~5年666.7m²产量4~5t。栽植密度见表1-4。

表1-4 美国苹果栽植体系

(Robinson,2014)

| 体系 | 密度(株/hm²) | 株行距(m) | 砧木 |
|---|---|---|---|
| 瘦塔形 | 840 | 2.4×4.9 | M26、G30、G202 |
| 直立干形 | 1538 | 1.5×4.2 | M9、Nic29、G16 |
| 细长直立干形 | 2244 | 1.2×3.6 | M9、Nic29、G16 |
| 细长纺锤形 | 3262 | 0.9×3.3 | M9、T337、B9 |
| 高纺锤形 | 5382 | 0.6×3.0 | M9、T337、B9 |

## 七、新西兰

新西兰为南半球著名的苹果生产国家,虽然苹果面积仅2万公顷左右,但苹果出口量占生产量的60%以上。作者1996年在新西兰皇家园艺研究所尼尔森果树研究中心工作半年,主要参加苹果矮化中间砧的对比试验及推广,2010年作者再次赴新西兰,发现15年内,苹果栽培制度发生巨大变革,在苹果苗圃,自根砧苗圃代替中间砧苗木,在果园自根砧苹果代替中间砧苹果。6年生自根砧富士,666.7m²产量5t,无病毒自根砧成为新西兰苹果产业转型升级的主要栽培模式。

新西兰苹果主产区主要位于霍克湾、尼尔森地区和Otago(奥塔戈岛),据统计,目前定植的面积为8950hm²,其中霍克湾5479hm²、尼尔森2556hm²、Otago380hm²、其他地区535hm²。品种比例为:布瑞本2246hm²占25%,桔苹295hm²占3%,粉红女士285hm²占3%,富士829hm²占9%,澳洲青苹286hm²占3%,爵士768hm²占9%,太平洋美人162hm²占2%,太平洋皇后212hm²占2%,太平洋玫瑰454hm²占5%,皇家嘎拉2669hm²占30%,其他苹果333hm²占4%。预计今后增加的品种是爵士和粉红女士,减少的品种是布瑞本、桔苹、皇家嘎拉。出口26.5191万吨,比2007年下降10.2%,其中布瑞本占27.4%、皇家嘎拉占39.4%、富士占9.3%、爵士占5%、桔苹占

3%、粉红女士占3.2%、澳洲青苹占3%、太平洋美人占0.9%、太平洋皇后占2.0%、太平洋玫瑰占2.6%、其他苹果占2.4%；其中爵士和粉红女士出口回报最高，出口非洲占0.1%、出口亚洲占22.7%、出口欧洲大陆占39%、出口英国占17.7%、出口太平洋占2.2%、出口北美占14.5%、出口中东占2.8%。出口果园主有509个，出口包装厂有70个，目前按照经典IFP生产的果园有3920hm$^2$，占44%；其他生产的果园3843hm$^2$，占43%；绿色标准生产的275hm$^2$，占3%，有机果园转换期的果园221hm$^2$，占2%；通过认证的有机果园686hm$^2$，占8%。新西兰苹果生产目标是零残留的果实。

## 八、澳大利亚

澳大利亚仁果类排列园艺业第三位，葡萄和柑橘业分别排第一和第二位，出口产值4.5亿澳元/年。苹果在澳大利亚六个州都有生产，共有987个果园主，总产27.0456万吨。维多利亚州、新南威尔士州、西澳大利亚州、昆士兰州、塔斯马里亚、南澳大利亚州分别有果园主327个、166个、220个、65个、94个、115个，分别占全国产量的42.7%、13.8%、11.8%、10.9%、10.6%、10.2%。以维多利亚州产量最高，产区位于维多利亚州北部的Shepparton的Goulbury河谷和墨尔本北部的Yala河谷区，苹果园集中连片的很少。苹果品种主要是澳洲青苹和粉红女士，苹果单产平均1333kg/666.7m$^2$，不同区域产量变化很大，单产仅是意大利和新西兰的一半。近年来面临的主要问题是干旱严重，降雨量比10年前减少30%，苹果主要以内销为主，兼出口，也用于制汁。在出口方面，主要与南半球苹果生产国竞争。粉红女士出口主要利用采收时间的差异获得优势，以出口欧洲（英国）市场效益最高。澳大利亚由于气候干旱，发展矮砧苹果666.7m$^2$栽植140株左右。

## 九、日本

1997年日本苹果生产面积4.93万公顷，占全国果树总面积的18.07%，总产99.33万吨，到2008年下降到4.26万公顷，其中青森县2.25万公顷，占日本的52.81%。目前青森县50%是富士品种，津轻、乔纳金各占10%，中熟弘前富士面积增加很快。果农目前积极选择品种为信农红、信农甜、信农金、富士冠军。新开发的青21品种，既耐藏，又着色好，估计是代替套袋的理想品种。

苹果主产县的青森县，1985年、1990年、1996年矮化苹果面积分别占全县苹果总面积的8.8%、10.4%、12.5%，到2008年已占到25%，他们认为矮砧苹果为发展方向，现在新建幼树主要发展矮砧苹果，砧木以M9和M26为主，但他们认为矮砧发展速度慢的主要原因是青森台风较多，且冬季果园积雪厚度1m左右，老龄乔化苹果抗风、雪能力比矮化强，故老园寿命较长。矮化新建果园，2m×4m或2.5m×5m，每666.7m²栽植84~53株。细纺锤形，中干上有直径1~3cm小主枝20个，小于1cm分枝10个。这些1~3cm的主枝，下部枝长1.5m，中部1m，上部0.8m，中、下部的分枝，每枝两侧各有4个下垂的结果枝组，间距30cm，下垂枝长30~40cm，主枝同方向上下间距30~40cm。主枝角度110°，延长头旺梢冬剪疏除。几乎无秋梢，树高3.6m。为了促进结果，在主干底部扎铁丝，控制树势。每株150个果实，666.7m²产量3000~3500kg。矮化果园，树龄过大、过密，及时进行间伐，维持纺锤形树形。

## 十、韩国

在1980年前主要用实生苗或MM106作中间砧嫁接育的苗木。其为改良主干树形的低密度果园（10m×10m，8m×8m）。

1980~1990年用M26作中间砧嫁接的苗木。用MM106和M26做中间砧木的半密果园（6m×4m×3.5m）。2000年后幼树用M9或M26自根砧栽培，高密果园（3.5m×1.5m）。在2003年每公顷2000株左右，2005年每公顷栽植果树猛增至7000株，并且现在达到每公顷15000株。在2003年每1000m$^2$需要199人，2005年下降到150人/1000 m$^2$，至2010年降到80人/1000m$^2$。2003年优果率为40%，2005年提高到60%，2010年优果率达到80%，矮化自根砧高质量发展成为韩国苹果栽培方向。

# 第二节　国内苹果矮化栽培现状

## 一、国内苹果矮化栽培现状

我国在20世纪40年代，西北农学院曾引进过矮化砧木，但材料未保存下来。1951年原华北农科所又从丹麦引进了M系矮化砧，紧接着北京植物园从波兰引进了矮化砧木。以后又引进了英国的MM系、波兰的P系、苏联的B系、美国的CG系、加拿大的O系和瑞典的A系等。利用引进的矮化砧材料进行杂交育种，各地相继选出了许多矮化砧木，这些砧木主要有辽砧2号、SH系、GM256、77-34、63-2-19、Y-1、CL426等。

1973年5月，郑州果树所根据中国农科院下达的任务，组织全国19省市38个单位成立矮化苹果协作网，在渤海湾、黄河故道、秦岭北麓、黄土高原中南部及鄂西北等苹果产区，重点对国外广泛采用的M系、MM系苹果矮化砧的繁殖和利用进行了研究。全国共引进国外矮化砧11个系统42个型号无性系砧木，建立了10个种质资源圃。到1987

# 第一章 国内外苹果矮化栽培现状

年,全国已发展矮砧苹果园1万多公顷,但基本均是中间砧。2006年,全国苹果种植面积将近190万公顷,其中矮砧密植果园面积8.74万公顷,仅占苹果栽培总面积的4.6%。到2008年全国苹果种植面积将近200万公顷,矮砧密植果园面积已达到14.83万公顷,已经占苹果栽培总面积的7.44%左右(表1-5)。2018年全国苹果栽培总面积230万公顷,其中矮化密植面积达35.5万公顷,占比15.43%。最近几年在苹果产区调查,新定植果园矮砧密植园占比65%以上。

表1-5 全国主产省苹果园矮化密植情况统计

(韩振海,2015)

| 区域 | 2006年 | | 2008年 | | 2013年 | |
|---|---|---|---|---|---|---|
| | 面积(万公顷) | 比例(%) | 面积(万公顷) | 比例(%) | 面积(万公顷) | 比例(%) |
| 全国 | 189.88 | 4.60 | 199.22 | 7.44 | 227.22 | 11.15 |
| 陕西 | 46.22 | 8.65 | 53.09 | 13.91 | 66.52 | 20.04 |
| 山东 | 31.11 | 0.61 | 27.63 | 4.08 | 30.34 | 9.43 |
| 甘肃 | 20.74 | 0.62 | 24.65 | 1.33 | 29.02 | 3.04 |
| 河北 | 25.31 | 0.79 | 24.38 | 1.43 | 23.74 | 2.35 |
| 河南 | 16.77 | 21.88 | 17.33 | 24.66 | 17.67 | 25.13 |
| 山西 | 16.60 | 1.16 | 14.82 | 2.56 | 15.41 | 3.10 |
| 辽宁 | 10.91 | 1.19 | 11.40 | 3.50 | 15.50 | 13.15 |
| 其它 | 24.22 | 1.03 | 25.94 | 2.23 | 29.02 | 2.58 |

我国矮化砧应用比例变化很快,过去以M26(见表1-6)为主,现在以M9-T337为主。陕西省千阳县苹果面积0.8万公顷,其中矮化自根砧占90%,矮化中间砧占10%,最近3年新建的苹果园100%为自根砧。有些农户,对表现不好的中间砧果园,及时挖除,新栽自根砧。千阳县南寨镇千塬村魏小杰,2015年4月栽植2年生带分枝红富士自根砧苹果苗,2016年就开始结果,2017年666.7m$^2$套袋1万只,666.7m$^2$产量2t,2019年产量4t。

表1-6 主产省矮化砧木栽培面积比例

（单位：%）

| 区域 | M26 | SH | GM256 | M9-T337 | 其他 |
| --- | --- | --- | --- | --- | --- |
| 全国 | 41 | 3 | 4 | 45 | 7 |
| 陕西 | 40 | 0 | 0 | 58 | 2 |
| 甘肃 | 37.5 | 1.3 | 0 | 41 | 21.2 |
| 山东 | 45 | 0.5 | 0 | 44 | 10.5 |
| 河北 | 15 | 72 | 10 | 0 | 3 |
| 河南 | 80 | 5 | 0 | 14 | 1 |
| 山西 | 10 | 74 | 0 | 10 | 5 |
| 辽宁 | 0 | 0 | 75 | 0 | 25 |
| 北京 | 0 | 90 | 0 | 2 | 8 |

我国已发现苹果病毒39种，目前生产上危害较严重的有苹果褪绿叶斑病毒（ACLSV）、苹果茎沟病毒（ASGV）、苹果茎痘病毒（ASPV）和苹果锈果类病毒（ASSVd）。韩振海对我国8个苹果主产省，50个果园的2144个样品进行检测后认为，果园病毒侵染率达100%；ASGV、ACLSV和ASPV的发生率分别为94.80%、59.33%和64.72%；混合侵染率为59.05%。我国广泛应用苹果实生砧木，即使矮化中间砧也几乎全部以实生苗作基砧。以前人们普遍认为苹果砧木种子不传播病毒，但近年研究发现，生产上常用的苹果种子山定子、八棱海棠和平邑甜茶实生苗检测到苹果锈果类病毒的株率分别为30%、26.7%和100%；楸子实生苗带毒率73.3%，苹果茎痘病毒、苹果褪绿叶斑病毒、苹果锈果类病毒复合侵染率53.3%。可见通过种子播种，培育的乔砧或矮化中间砧苗木，无法实现无病毒苗木，只有通过组培及压条培育自根砧苗圃，才能从根本上解决无病毒的问题。烟台现代果业研究院对乔砧进行脱毒，利用组织培养培育乔化砧木，再嫁接无病毒品种，培育乔砧无病毒苗木。

当前，我国苹果苗木生产主要集中在渤海湾和黄土高原两大优势地区，苹果苗木生产量较大的省份有陕西、山东、河北、辽宁等，苹果苗木年生产总量1亿株左右。随着中央保护性耕地禁止种植果树文件的实施，苹果栽植面积减少，毁园面积增加。苹果苗木开始过剩，价格开始下降。陕西省千阳县的海升、华圣、大地丰泰、天地科技等公司通过压条繁育自根砧苗，估计年产量2000万株，完全能满足市场需求，自根砧苗木价格正在大幅度下降。

从2012年开始，陕西海升果业、陕西华圣果业、千阳天地生态、千阳大地丰泰、陕西枫丹百丽等公司，在千阳建立自根砧苹果园0.48万公顷，建立自根砧苗圃0.06万公顷。其中自根砧富士、嘎拉栽植当年开花，第2年结果，第4年666.7$m^2$产3~4t。早果、丰产、高质量、省工、省力特点表现明显。

## 二、国务院"防止耕地'非粮化'稳定粮食生产的意见"对果业的影响

国务院办公厅2020年11月17日下发了《关于防止耕地"非粮化"稳定粮食生产的意见》（以下简称《意见》），《意见》指出："必须处理好发展粮食生产和发挥比较效益的关系，不能单纯以经济效益决定耕地用途，必须将有限的耕地资源优先用于粮食生产。"这就可以看出，今后我们国家的土地要优先保证粮食生产。《意见》还指出："对耕地实行特殊保护和用途管制，严格控制耕地转化为林地、园地等其他类型农用地。永久基本农田是依法划定的优质耕地，要重点用于发展粮食，特别是保障稻谷、小麦、玉米三大谷物的种植面积。一般耕地应主要用于粮食和棉、油、糖、蔬菜等农产品及饲草饲料生产，耕地在优先满足粮食和食用农产品生产基础上，适度用于非粮用农产品生产，对市场明显过剩的非食用农产品，要加以引导，防止无序发展。"我国苹果栽培面积大，总产量高，市场销售基本饱

和，就要加以引导，防止无序再发展苹果。《意见》再次强调："严格规范永久基本农田上农业生产经营活动，禁止占用永久基本农田从事林果业以及挖塘养鱼、非法取土等破坏耕作层行为，禁止闲置、荒芜永久基本农田。明确对占用永久基本农田从事林果业、挖塘养鱼等的处罚措施。"这是改革开放40年来，国务院首次强有力地提出保护基本农田，禁止在保护性耕地栽植果树，根据国务院文件精神，苹果产业今后如何发展，谈几点思考及建议。

1. 苹果产业由数量扩张型转向高质量发展阶段

随着人民生活水平的提高，对水果的多样化选择更加强烈，过去市场单一的柑橘、苹果市场被香蕉、葡萄、梨、猕猴桃、樱桃、火龙果、菠萝、柚子、芒果等水果部分占领，人们购买苹果的欲望比过去明显下降。再加之我国苹果产量和面积均占世界50%以上，其中我国苹果面积233.33万公顷，产量4400万吨。世界人年均苹果占有量12kg，我国人均高达32kg，陕西人均苹果占有量290kg，甘肃人均苹果占有量140kg。这几年随着各地产业脱贫的政策支持，甘肃、新疆、宁夏、云南、贵州、四川的苹果面积不断扩张，市场的销售压力加大，苹果售价下降，销售缓慢，生产成本却不断升高，导致果农的纯收入持续下降。国务院文件的出台，会明显限制苹果的新发展面积，促进挖树毁园，减少苹果总产，提高苹果质量和价格，促进苹果销售，推动苹果产业由面积扩张型向质量效益型大转变。

2. 苹果发展区域开始向非保护性耕地转移

在20世纪50~70年代，我国粮食供应不足，发展苹果的方向是上山下滩的非粮食耕地，也出现许多高产典型苹果园，如陕西省扶风县绛帐镇牛仓村林场的渭河沙地，栽培中间砧矮化苹果33hm², 666.7m²产量达到2.5t。2000年前后，由于苹果的经济效益显著超过粮食作物，许多县在保护性耕地发展苹果，如陕西省洛川县为陕北有名的粮食大县，过去发展小麦2万公顷，现在全部发展为高效的苹果产业。我国目前有一半苹果树龄偏大，每年有10%左右需要淘汰。今后新发展果园要在非粮食耕地适度发展，其中上山下滩是主要方向。宁夏自治区彭阳县东昂农业公司在山上修梯田133hm$^2$，并栽植了自根砧苹果，安装了肥水一体化设施，第2年就开花结果。云南省宁蒗县的恒泰农业科技公司，在高差200m的山上修梯田，安装肥水一体化设施，也栽培了苹果矮化自根砧53hm$^2$，生土地每666.7m$^2$施草炭有机肥2t，树体生长正常，2020年9月12日教育部部长陈宝生调研后评价很好。陕西省千阳县张家塬镇宝丰村，利用山地修梯田，招商引资宝鸡海升公司建立矮化自根砧苹果100多公顷，第4年每666.7m$^2$产量1.5t，山地果园的光照条件好，苹果品质高，果价比平地果园每公斤高出2元以上。西藏自治区山南市贡嘎县，2018年在沙区栽植苹果自根砧，2020年大量结果，0.5kg苹果10元销售到上海，2021年每株开花量100多个，每株可以挂苹果20~30个。

**3. 新建苹果园将以节约土地的矮砧密植为主**

现在计划生育政策允许生三胎，随着我国人口增加和城市工业用地的增加，土地资源越来越少，发展苹果产业要采用节约土地的矮化密植。矮砧密植为集约化栽植，可以节省大量土地。世界有些国家发展矮砧苹果后，果园面积虽有减少，但产量却大幅度提高，如荷兰，原有乔化苹果园4.31万公顷，改植矮砧苹果树后，面积降为3.57万公顷，而总产量却从0.7亿公斤增到4.7亿公斤。目前欧洲的苹果矮化自根砧占苹果总面积的100%，美国占70%，韩国占70%，日本的新建苹果园也开始栽培苹果矮化自根砧。在新形势下，我国要加快矮化苹果发展速度，节约土地。但矮化自根砧的主要缺点是不抗倒伏，通过栽水泥杆拉铁丝可以解决问题，另外是根系较浅，抗寒、抗旱性比乔砧差。但不同地区有不同的砧木，寒冷地区选择

B9、B51、B118,一般地区选择M9-T337,干旱地区选择M111、M106,重茬地选择G935、CL426。陕西省千阳县试验栽植矮化自根砧,7年内基本没有浇水条件(栽植的时候人工浇水2次),通过地膜保墒,树体生长及结果正常。陕西韩城市农技推广站栽培2hm²自根砧,4年内没有浇水条件仅地布覆盖保墒,树体生长及结果正常。全国著名苹果大县洛川提出,现有苹果园3.66万公顷,总产量100万吨,已经发展以矮化自根砧为主的矮化苹果447hm²(0.67万亩,1亩≈666.7m²),其中矮化比乔化每亩增产1t,计划把矮化苹果发展到2万公顷,虽然苹果面积有所下降,但苹果总产量还会升高,矮化苹果已经成为今后洛川苹果更新换代的方向。

**4.苗木培育面积下降**

过去我国每年苹果育苗数量达到2亿株左右,其中千阳县培育苹果矮化自根砧大苗2000万株,每年我国新栽苹果园13万公顷左右。但随着国务院《意见》的贯彻落实,苹果的新栽植面积会显著下降,苹果苗木市场会严重饱和。从现在开始就要压缩苹果育苗面积,降低苗木价格,其中自根砧苹果大苗每株从50~60元要下降到20~30元。

# 第二章　自根砧与中间砧的区别及发展模式

苹果矮化砧木是从苹果属植物中筛选出的嫁接后能使果树生长比正常树体矮小的一类砧木。苹果矮化砧能使果树具有树冠小、易管理、宜密植、早结果、高质量等特点。利用矮化砧木是实现苹果矮砧密植栽培的最主要途径，矮砧密植是世界苹果发展的趋势和方向，是世界现代苹果产业发展的重要标志，也是我国苹果今后转型升级的方向。在国外，尤其是在欧洲，多在矮化砧上直接嫁接品种，繁殖自根砧苗木。而在我国，至今仍然沿用在基砧（共砧）上嫁接矮砧，然后再嫁接品种的技术，繁殖矮化中间砧苗木。矮砧中间砧应有一定长度才能确保矮砧效果，过长致矮作用太强，树体太小；过短致矮性能减弱，树体太大。据理论研究和生产证明，矮砧中间砧长度以15~30cm为宜，在生产中，由于品种、砧木的不同，砧穗组合特性的差异，应根据具体情况确定不同砧穗的最佳长度。生产中反映，在肥水条件较好地区栽培，中间砧长25~30cm，在干旱地区栽培，中间砧长15~20cm较好。

# 第一节　苹果矮化苗木及培育过程区别

矮化苹果苗木的形态方面与培育过程与乔化差别很大,自根砧与中间砧苗培育差别更大,栽培模式也有差别。

## 一、苗木培育过程的区别

从图2-1可看出,苹果乔砧或中间砧(双矮)苗木,均是通过山定子、海棠、新疆野苹果等种子播种,然后在离地面10cm左右嫁接品种,培育矮化中间砧苗木嫁接矮化砧木M9-T337、M26等,在矮化砧木段15~30cm处,再嫁接品种培育矮化中间砧苗木,如果嫁接短枝型品种,就培育双矮苗木。

从图2-2可看出,把矮化砧木M9-T337、M26等的茎尖通过组织培养,再通过炼苗形成直径4~6mm的小苗,再把小苗离地面30°~40°斜栽。秋季和地面压平,第2年从背上发枝,夏季培锯末,秋季出圃自根砧苗。然后嫁接品种就形成自根砧苹果苗。

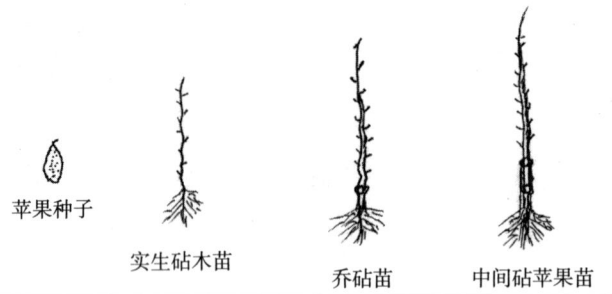

苹果种子　　实生砧木苗　　乔砧苗　　中间砧苹果苗

图2-1　苹果乔砧及中间砧苗木培育过程

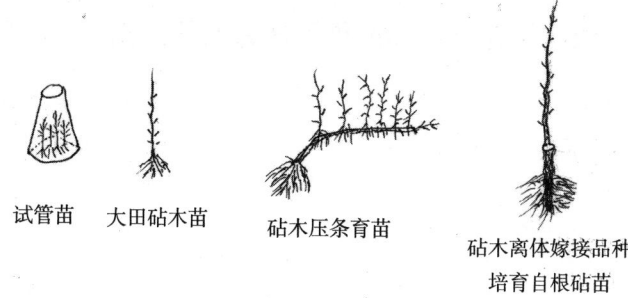

图2-2 苹果自根砧苗木培育过程

## 二、矮化砧苗木倾斜度与生长结果比较

西北农林科技大学李高潮教授研究发现,矮化砧倾斜度在15°~30°之间,半矮化砧、乔化砧倾斜度小于15°,而抗寒性强的半矮化砧GM256、B9倾斜度大于30°。倾斜度越小,嫁接越亲和,株高、粗度越大。从中间砧生长高度比较,SH1、SH6、SH9、SH18、SH38、SH40更趋向于乔化砧八棱海棠,嫁接富士后也稍高,与八棱海棠、富士品种亲和性均较高。可以分析看出,苹果矮化砧倾斜度大,矮化效果好,在栽培中栽杆立架特别重要。

SH系列中间砧苹果苗高度较高,也较粗,长势强;P22极矮化砧苹果苗高度低,苗茎粗度小。SH系列中间砧比基砧细,矮化作用不明显,而T337、M26中间砧皆比八棱海棠基砧粗,矮化作用明显;短枝型富士品种苗木在粗度、高度上均小于长枝型富士;苗木平均高度200cm以上,提高大苗质量是促进成花的关键所在。

各种砧木嫁接普通富士后生长高度均比短枝富士苗要高10%以上,嫁接短枝富士后苗木相对粗壮、低矮,品种接穗/中间砧粗度比值较普通富士大,便于光合产物在地上枝干部的积累;由于高度低,所以根系不发达,趋于矮化。

## 三、矮砧与乔砧在标准化管理方面的区别

果园管理技术的关键是标准化管理,对提高商品一致性和降低生产成本非常重要。我国由于大面积推广乔砧栽培,苹果标准化推广难度很大。

乔砧苹果指通过种子育苗,嫁接的苹果树,种子一般要进行有性杂交,后代群体变异大,树冠大小一致性差,很难标准化栽培。乔砧苹果栽植密度及整形修剪方面,生产中成功经验为栽密挖稀,由50多株变成30株,再变成20多株;长高落地,开始树高达到3.5m,以后落头开心到2.5m左右;枝条由多变少,开始20多个枝条,逐年疏除,变为4~5个大枝。一句话,动态管理,操作灵活。可以看出,很难标准化管理。在肥水管理方面,由于栽植密度不同、树冠大小不同、亩产量高低不同。不同果园,肥水管理差异很大。有些果园,一年浇水4次,有些1次水也不浇;有些株施尿素0.5kg,有些高达3kg。在花果管理及病虫害防治方面,由于乔砧苹果树冠大,一般叶幕层2~2.5m,枝条长度2~3m。而人手臂长度一般不超过1m,在花果管理方面树冠外围好管理,内膛手达不到位置,管理就粗放。在喷药方面,也由于叶幕层厚,内、外层喷药效果差别也大。

苹果自根砧苗木是通过矮化砧木压条生根,再嫁接品种,根系为无性繁殖。树冠大小高度一致,便于标准化管理。苹果矮化自根砧,666.7$m^2$栽植株行距稳定不变,一般株距1~1.2m,行距3.5m,666.7$m^2$栽植160~190株,相对栽植密度稳定。在整形修剪方面,选择高纺锤形,树体结构稳定,一生变化很小。在水肥管理、花果管理、病虫害防治方面,均可以进行标准化管理。一句话,苹果矮化自根砧栽培,为苹果标准化管理奠定了基础。

第二章　自根砧与中间砧的区别及发展模式

# 第二节　未来苹果发展模式

美国康奈尔大学园艺系的Terence Rodinson教授和美国康奈尔大学安大略区果树合作推广站的Mario Miranda Sazo等研究报道：

未来苹果树高3.0~3.3m，树冠窄薄成篱壁形，便于采用机械侧壁修剪以降低人工成本，还可以达到高质量的果品，并且使用机械辅助平台来协助采收和人工修剪。这种果园有望高产（5400kg/666.7m$^2$）、高质量地发展。认为这样的果园将显著减少全年总劳动用工。

苹果园栽植密度在过去的50年内一直稳定增加，从6~7株/666.7m$^2$到有些果园甚至达到500株/666.7m$^2$。到目前一致认为167株/666.7m$^2$的矮化自根砧高纺锤形栽培模式最好。这里将展望未来20年果园栽培前景。

## 一、果园栽培模式建立的五条重要原则

第一，光截获量：果园苹果树树冠截获的自然入射光比例要达到70%~75%才能获得高产。通常行间宽度能便于机械化的果园，截获的可见光比例不会超过55%，如果行间很窄（2.1m以下），受光面积会提高，但又不便于机械操作。所以，既要高产，又要机械化，树体就必须向高处发展，达到一定的高度（3~3.3m）。

第二，光分布：树冠大而密集的果园有更多的树荫区，而这部分区域的果实品质差。树冠厚度不超过1m的窄薄或平坦的树冠能有更好的光分布。这一原则要求现在果园的篱壁形树冠厚度保持在1m以内。

第三,早结果、早丰产:早期丰产要求使用带分枝大苗建园、增加栽植密度,定植后加强肥水管理以促进树体快速生长,定植后前3年简化修剪并拉枝以诱导其早期结果。应用这种栽培模式,在定植后第2年就可以获得较高的产量。

第四,树形简化:简单、稀疏的树冠要比复杂密集的树冠更易于进行果园的机械化管理。

第五,合理密植:果园栽植密度受限于收益递减规律,即在技术和其他生产要素的投入量固定不变的条件下,连续地把某一生产要素的投入量增加到一定数量之后,总产量的增量即边际产量将会出现递减现象。在栽植密度不断增加的情况下,从额外栽植的树上获得的产量会越来越小。在某些时候,增加的栽植株树带来的成本可能要高于其所带来的收益。

## 二、果园栽培模式的经济分析

在20个世纪之交,很多美国的果农在对于哪种栽植模式效益更好的问题上有很大的分歧,一些果园使用超过367株/666.7$m^2$的栽植密度,而还有一些果园使用低于33株/666.7$m^2$的栽植密度。为了指导如何确定栽植密度,根据纽约州试验果园的数据,针对几个栽植密度跨度大,且栽培水平较高的果园栽培模式从利润和成本方面进行了经济学分析。

对5个常见的果园栽植模式从利润率的角度分别在2003年和2010年进行了评估。5种树形分别是细圆锥形、主干形、细主干形、高纺锤形和超纺锤形。栽植密度变化范围大,每666.7$m^2$栽植57株到367株。分析评估了每一种模式在过去20年的纯收入。由于早期高产和累积产量高,通常利润在某个点之前会随着密度而提高,在建园时栽植密度越高投资越大。然而,收益递减法则导致单位面积栽植更多的树将获得更少的累计产量,即非常高的栽植密度并不比更加适中的密度利润大。另外,经济学家认为风险随着投资级别的升高而升高,因此密度太高的栽培模式风险更大。

在栽培带分枝大苗时,通过对过去20年累计利润的纯收入计算结果表明,栽植密度为175株/666.7m$^2$的果园,单位土地面积的利润率最大。如果换一种方法去评估利润率,即以每单位资本投入的净现值而不是每单位土地的净现值计算,则合适的密度稍低,大约为158株/666.7m$^2$。

因此,根据国外研究密度,我们提出矮化自根砧138~189株/666.7m$^2$为高质量发展苹果的合适栽植密度。其中肥水条件好,密度要高;肥水条件差,密度要低。

## 三、主要7种栽培模式

在国外,认为每种树形有一套栽培技术体系,就形成了栽培模式。世界上主要的7种栽培模式是:高纺锤形,超纺锤形,垂直网架或V形网架,主干弯曲侧枝下垂形,双干形和结果墙形。这7种模式均用高密度栽培(150~367株/666.7m$^2$)。高纺锤形是北美东部最常见的栽植模式,大多数的果园使用167~217株/666.7m$^2$的栽培密度。这种模式简单易学,并且投资不大,早期丰产。一小部分果园使用367株/666.7m$^2$的超级纺锤型模式,但这仅限于使用自已繁育的苗木。超纺锤形具有简化的修剪方式且果实品质好。

精细设计的支架模式(V形网架和垂直网架)在华盛顿地区很常见,但在美国东部地区较少使用。这两2种模式是为精确修剪设计的,通过修剪将芽控制到预设的数量。有的果农认为这种模式可以减少日灼的发生。主干弯曲侧枝下垂形在法国的南部地区、部分西班牙和智利地区很常见,但是在世界的其他地区并不被采用。当营养生长过旺时它需要大量人工进行弯枝。抹芽同时能帮助控制隔年结果现象的发生。双干模式在北美是一种新的栽植模式,但是在意大利已经有15年使用的历史。这种整形模式每株留2个主干,所以中等栽植密度（150株/666.7m$^2$）的果园也具有更多数量的主干数（相当于300个/666.7m$^2$）。同时2个主干可以分散树体的生长势。这种模式可能有利于解决传统高纺锤形出现营养生长过旺的问题,也能很好地适应机械修剪。在纽约有6年生多主干的新红星试验园,看起来有较好的前景。最后一种模式是法国南部喜欢使用的结果墙,在意大利、德国、比利时和西班牙也有采用的。这种树形在夏初使用机械侧壁修剪,能有效减少修剪并且可以优质高产。

非常有趣的是一些成功的果园使用漂亮的网架模式并精确控制芽负载量,而另一些同样成功的果园则完全使用机械修剪,不在乎剩多少芽。这表明解决问题有很多方式。

在这7种栽培模式中,认为高纺锤形最能满足果园建立的5条重要原则。它融合了细长纺锤形、垂直主干形、超纺锤形和主干弯曲侧枝下垂形的优点。这种树形应用了细长纺锤形栽培的密植方法,但其栽植密度低于超纺锤形（167~217株/666.7m$^2$）。这种树形应用垂直主干形的树干,但是树冠却跟超纺锤形一样狭窄。它还应用高度羽状分枝（10~15个）的大苗建园和像主干弯曲侧枝下垂形一样,拉枝诱导结果与控制枝条生长势。这种模式还在定植后前3年应用简化的修剪方式。与细长纺锤形相比,高纺锤形不对主干短截,而细长纺锤形要短截主干以保持其长势。定植后不用定干,保持第一分枝距地面80cm,这使得高纺锤形树体在第2年就有产量,结果能使得侧枝自然弯曲,长势减弱。在成形后,主干健壮直立,其上着生临时性结果枝。结果枝更新的修剪原则只是去除长得太粗的侧枝（直径大于2cm）。

## 第二章 自根砧与中间砧的区别及发展模式

高纺锤形果园果树栽植密度从151株/666.7$m^2$（1.3m×3.6m）到246株/666.7$m^2$（1m×3.3m）。为了选择合适的栽植密度，我们需要考虑品种和砧木的长势以及土壤状况。对于生长势较弱或者一般的品种，比如蜜脆、元帅、嘎啦和金冠，我们建议株距1.0m。对于生长势较强的品种，比如富士、乔纳金、瑞香红等，以及其他顶花芽结果的品种，如瑞光、澳洲青萍和Gingergold，建议株距在1.0~1.2m。在平地和坡地的行距分别是3.3~3.6m和3.6~3.9m。矮化砧木M9、B9及G系列的抗火疫病砧木（G11、G41、G935、CL426）都已成功应用了高纺锤形。长势较弱的无性系（M9Flueren56、B9、G11和G41）砧木嫁接生长势强的品种很适合于非重茬地。生长势强的无性系（M9-Pajam2，M9-Nic29，M9EMLA和G935、CL426）在重茬果园或者嫁接较弱的品种时利用价值更高。

### 四、减少单位面积生产成本

建立高密度果园非常昂贵，树苗是最初阶段最大的投资。如果在初产量不减少的情况下减少树苗的投入，利润率就会增加。最近尝试了使用便宜树苗的效果。一些栽植者开始自己繁育树苗以降低成本。这就意味着可能使用没有多分枝的小苗代替多分枝的大苗。一些栽植者栽植秋季芽接的半成品苗，还有一些栽植春天枝接的半成品苗。这种园最初的投入在很大程度上比用多分枝的大苗木要低；然而，早期结果时间也要推迟1年。在我们的研究中，栽植时树苗质量对于利润率有着显著影响。虽然多分枝大苗的树在最初的几年能生产更多的果实，但是产量收益被建园时高的苗木投入有所抵消。当栽植密度在中低水平时候，使用贵一点的多分枝大苗利润更高一些，而高密度建园时使用半成品苗或者1年的嫁接苗利润更高一些。在适宜的栽植密度即167株/666.7$m^2$带分枝的树苗利润更大，然而在超过

234株/666.7$m^2$的栽培密度时相对便宜的半成品苗或者1年的嫁接苗利润更大一些。2016年4月西农大千阳苹果试验站李高潮教授负责建立1$hm^2$1年生带分枝自根砧M9-T337苹果园，由于栽植时无灌水条件，为了提高成活率，把所有分枝留桩疏除，2017年85%的富士树开花结果，主要是腋花芽结果，平均每株3~5个果实，树高在第2年年末已达到3.2m左右。宁夏彭阳县的宁夏东昂农业科技有限公司，在2017年6月8日栽植千阳购买的冷库贮藏的自根砧苹果苗2$hm^2$，栽后及时浇水，在8月下旬统计，成活率95%以上，平均新梢长度0.4m，最长0.6m，2019年每株挂果20~30个，建园取得成功。

## 五、机械化

除了通过高密度栽培来提高产量和减少单位生产成本，苹果栽植户已经开始通过果园管理部分机械化来努力减少成本，包括休眠期的修剪、疏花疏果和夏季修剪。

机械自动平台在纽约和东部其他州已经比较普遍。当前已有许多果园应用了机械自动平台进行休眠期修剪、疏花疏果、立架和树体整枝等。但几乎没有使用机械采收的，我们希望未来5年能有很多栽植户使用机械辅助采收。机械辅助采收技术推广较慢，是由于栽植户考虑到采收机械采收箱可能对果实造成严重损伤和机械化的劳动效率所带来的成本收益比率问题。

我们认为应用机器人进行机械化采收的可能性不大。尽管在过去4年已投入大量资金用于采收机器人研究。要研发一个极复杂的能识别果实方位，并在采收及运输果实时不损伤果实的机器，尚需要多年的研究。即使发明了这样一个机器，也将很昂贵并且采收效率不会太高。我们预计用机器人采收会增加成本，因而成本收益比率并不乐观。我们认为像Wafler这样的采收平台应用于辅助采收可能性更大一些。

采收机器人、修剪机器人也许相对于人工在机动化平台上进行高纺锤形树形修剪来说太昂贵了,并且工作效率不高。在修剪机器人发明出来之后,应该对其进行成本收益率的分析,也许会因为增加了修剪成本而使成本收益比率不理想(见表2-1)。

表2-1 高纺锤形栽培应用机械化平台节省的劳动力

| 劳动投入 | 垂直主干形<br>($3.33t/666.7m^2$ 梯子采收) | 高纺锤形<br>($5t/666.7m^2$ 机械化平台) |
| --- | --- | --- |
| 休眠期修剪 | $10h/666.7m^2$ | $5h/666.7m^2$ |
| 拉枝 | $3.33h/666.7m^2$ | $1.67h/666.7m^2$ |
| 疏花疏果 | $13.33h/666.7m^2$ | $5h/666.7m^2$ |
| 喷施激素 | $6.67h/666.7m^2$ | $3.33h/666.7m^2$ |
| 夏季修剪 | $10h/666.7m^2$ | $0.17h/666.7m^2$ |
| 采收 | $16.67h/666.7m^2$<br>[1440kg/(人·d)] | $12.5h/666.7m^2$<br>[2880kg/(人·d)] |
| 每年总劳动时数 | $59.94h/666.7m^2$ | $27.64h/666.7m^2$ |

## 六、长远规划

一个新果园的建立要做到对未来20~25年负责,在建园前应该考虑在接下来的25年里可能发生的在管理方面的变化。

## 七、结论

在过去50年里果园栽植模式发生了戏剧性的变化。展望未来,最好的模式仍然是目前的高纺锤形,使用机械进行侧壁墙修剪会使其树冠更加紧凑窄薄,能减少用工,高质量发展。这种紧凑窄薄的结果墙模式的果园有可能使用机械辅助平台进行采收和修剪。这种果园有望高产($5400kg/666.7m^2$)并且优质果率近100%。我们相信这样的果园将显著减少全年总劳动用工。

# 第三章　自根砧主要优缺点及苗木培育

通过世界100多年的苹果矮化栽培研究与推广，认为自根砧是今后矮化栽培的发展趋势。但培育自根砧苗木是发展自根砧栽培的基础。

## 第一节　自根砧主要优缺点

### 一、主要优点

1. 早果高产优质

矮化自根砧果园短枝多，易成花。根据我们的调查：3年生树T337自根砧短枝为62.74%，M26中间砧礼泉短富为46.15%。4年生树T337自根砧短枝占78.6%，乔砧仅为30.5%。

矮化自根砧苹果叶片大，光合效率高，自根砧苹果树一般叶果比为20∶1，乔砧为（40~60）∶1。

据美国专家研究，矮化自根砧叶片光合产物制造的营养用于果实、叶片、枝干生长的分配比例分别为76.8%∶8.7%∶14.5%，而乔砧苹果比例仅为45.1%∶14%∶40.9%。可见矮化自根砧叶片制造的营养主要用于结果，乔化砧叶片制造的营养主要用于枝干生长，这也是乔化苹果往往树冠大，生长旺的主要原因。1986年法国专家研究，乔砧每千克叶片年生产干物质量为7.54g，矮化中间砧M7为11.457g，矮砧比乔砧增加干物质51.94%。对自根砧M9-T337而言，增加干物质的量会更多。有人研究，矮化自根砧苹果叶片光合产物用于果实和枝干生长的比例为5∶1，而乔砧为1∶1，矮化自根砧为乔砧5倍。

国外研究，每666.7m²乔化果园理想的叶片数为42万个，叶果比为40∶1计算，生产10500个果实，每5个苹果1kg，产量2100kg。矮化自根砧苹果树一般叶果比为20∶1，666.7m²产量可达到4200kg。在千阳通过自根砧T337与中间砧M9调查，中间砧嘎啦第3年每株挂8个果实，自根砧达到70~80个果实。富士中间砧第3年每株挂6个果实，自根砧达到60~70个果实。表3-1通过参考魏钦平教授的方法，离主干80cm挖80cm深、60cm宽、100cm长的槽，取20cm×20cm×100cm的土块，调查0~80cm土层根系动态，发现0~20cm自根砧根系鲜重是中间砧的23倍，并且分布也深。一般认为地表土层毛细根细胞分裂素含量高，有利于苹果树花芽形成。表3-2用同样方法，调查3年生自根砧T337和海棠、M26、礼泉短富的双矮果园不同土层鲜根分布，同样自根砧总根量大，并且地表根系多。

表3-1　20cm×20cm×100cm的土块根系分布（4年生树）

| 土层深度（cm） | 中间砧鲜根重（g） | 自根砧鲜根重（g） |
| --- | --- | --- |
| 0~20 | 0.42 | 9.94 |
| 20~40 | 3.93 | 2.24 |
| 40~60 | 3.37 | 3.23 |
| 60~80 | 0 | 0.91 |
| 合计 | 7.72 | 16.32 |

表3-2　20cm×20cm×100cm的土块自根砧及双矮根系分布

| 土层深度（cm） | 中间砧礼泉短富鲜根重（g） | 自根砧鲜根重（g） |
|---|---|---|
| 0~20 | 0.78 | 3.77 |
| 20~40 | 1.38 | 1.06 |
| 40~60 | 2.82 | 2.31 |
| 60~80 | 0.32 | 0.41 |
| 合计 | 5.3 | 7.55 |

从表3-2可看出，自根砧苹果根系分布较浅，主要为须根系，不抗倒伏。在栽培中间砧地区，就能栽培自根砧，只要中间砧能生长自根砧就能生长。经过我们在陕西千阳10年建立的0.8万公顷矮化自根砧果园研究比较，栽培矮化自根砧果园，当年开花，第2年666.7m$^2$产量400~500kg，第3年750~2000kg，第4年可达到2000~3500kg。而乔砧密植果园6年开始结果，8-10年才进入丰产期，666.7m$^2$产量一般2000~2500kg。矮化自根砧建园结果早、产量高、效益高。表3-3是2年、3年、4年生自根砧、中间砧、双矮、乔砧的顶花芽调查情况，自根砧花芽极多。表3-4为自根砧与中间砧产量及品质比较，发现3年生嘎啦及富士，自根砧单株产量极高，品质方面也微高于中间砧。

表3-3　不同树龄富士开花情况调查（2015年）

| 类型 | 树龄 | 株数（株） | 顶花芽数（个） |
|---|---|---|---|
| T337自根砧 | 2 | 4 | 4.25 |
| M26中间砧 | 2 | 4 | 0 |
| T337自根砧 | 3 | 4 | 11.5 |
| M26中间砧 | 3 | 7 | 3.25 |
| M26中间砧礼泉短富 | 3 | 7 | 5.71 |
| 乔砧 | 3 | 4 | 1.67 |
| T337自根砧 | 4 | 4 | 52.8 |
| M26中间砧（环切） | 4 | 4 | 21.6 |
| 乔砧（环切） | 4 | 4 | 17.5 |

表3-4 自根砧与中间砧产量及品质调查（3年生树，2015年）

| 砧木品种 | 株产量（kg） | 单果重（g） | 可溶性固形物含量（%） | 硬度（$cm^2/kg$） | 着色面积（%） |
|---|---|---|---|---|---|
| T337自根砧嘎啦 | 10.28 | 146.91 | 13.15 | 9.31 | 76.67 |
| M26中间砧嘎啦 | 1.18 | 147.27 | 13.10 | 8.98 | 75.42 |
| T337自根砧富士 | 10.7 | 178.4 | 17.3 | 8.75 | 80 |
| M26中间砧富士 | 0.91 | 152.2 | 15.9 | 8.35 | 78 |

2.五省

栽培矮化自根砧果园，最大特点是树冠小，易结果，便于机械化作业和省工、省力。据研究比较，乔砧果园666.7$m^2$用工50~60个，自根砧仅7~8个。

自根砧果园，根系较浅，在降雨极少的情况下，吸收利用率也高。一般乔砧果园，每年大水漫灌2次。每次每666.7$m^2$用水50$m^3$，2次需用水100$m^3$。自根砧果园，如果安装滴灌设施，每年滴灌15次（生长季节，干旱时每1周滴灌1次），每次每666.7$m^2$用水3$m^3$，15次需要45$m^3$。对无灌溉条件的果园，只要采用地布覆盖，就能栽培自根砧。

矮化自根砧果园，一般栽培T337、B9等砧木，树冠体积为乔砧的30%左右，喷药时比乔化省农药40%。千阳苹果试验站栽培自根砧T337，第4年用普通动力喷雾机喷药，平均每666.7$m^2$用水液35kg，一般同龄乔砧果园需80kg。

由于矮化自根砧果园树冠体积小，生长量小，也会节省肥料。有人报道与乔砧相比省肥料40%。

最后一点就是省土地。因为乔砧果园产量低，矮化自根砧果园产量是乔砧的几倍，自然就节约了土地。

### 3.便于机械化作业

在国外,推广自根砧结合高纺锤形树形,树冠呈柱形,便于机械化作业。在千阳县的陕西海升和华圣公司,在自根砧果园引进弥雾机,每天喷药$(400\sim500)\times666.7m^2$,大大节约了果园用工。陕西华圣果业又引进苹果栽植机械,每天栽小苗8万株,人工栽1株0.2元,机械每天节约成本16000元。

### 4.幼树生长旺盛,在适宜区抗旱抗盐碱

我们2010年在全国20多个县100多个自根砧苹果园调查,发现在冬季最低气温在-25℃以上的适宜区内,自根砧苹果均比中间砧幼树长势旺,幼树长势与乔砧相近。在新疆喀什农三师和宁夏吴忠调查,自根砧M9-T337富士均比中间砧抗盐碱、抗干旱,且幼树长势旺。表3-5是千阳县6年生自根砧、中间砧、乔砧的生长情况比较,自根砧树冠高度与乔砧接近,冠径小,产量高,特别是M9-T337的砧木周长比乔砧还粗。2017年7月到8月初陕西千阳气温多在37℃以上,农作物严重干旱,经调查,在同等管理条件下,自根砧比中间砧抗干旱,叶片大,无缺水现象,中间砧叶片不正常,出现缺水表现,见表3-6。在我国苹果产区,栽培乔砧或中间砧幼树长势弱,成形慢,结果晚,许多果园进行间作,影响树形培育,但大量结果后,树冠偏大,光照不良,作业不便。陕西提出多次间伐和提干、落头、开心技术,把大量的枝条去掉,对苹果树进行"减肥"。但栽培自根砧苹果,幼树生长旺盛,第2年就开始结果,果农对管理信心充足。在大量结果后,树体生长缓慢,结合高纺锤形每年去掉2~3个直径超过3cm粗枝,树冠稳定不变,也不需要再"减肥和改行",达到自然的"瘦形"树冠,大伤口少,修剪量少,腐烂病也轻。

表3-5  不同栽培方式6年生富士树体生长情况比较

| 栽培方式 | 品种/砧木茎段周长（cm） | 树高（m） | 冠径（m） | 株挂果数量（个） |
|---|---|---|---|---|
| M9-T337自根砧 | 22/43 | 4.2 | 2.2 | 121 |
| M9中间砧 | 20/31 | 3.5 | 2.1 | 83 |
| 新疆新苹果实生砧 | 28 | 4.3 | 3.1 | 61 |

表3-6  干旱情况下自根砧与中间砧富士生长情况比较

| 栽培方式 | 秋梢率（%） | 百叶鲜重（g） | 叶相 |
|---|---|---|---|
| M9-T337自根砧 | 26 | 103.16 | 叶片大，生长正常 |
| M9中间砧 | 7 | 91.76 | 叶片小，失水卷叶 |

## 二、主要缺点

自根砧果园的最大缺点是须根多，主根少，不抗倒伏，一定要立桩拉铁丝，扶直中央领导干。这样与乔砧果园相比每666.7m²多增加架材1200元，人工栽桩拉丝费700元。

另外，由于地表根系多，抗旱性和抗冻性比乔砧差。一般在干旱条件下，必须有简易滴灌设施或保墒铺膜。同时，M系列在极端气温低于-25℃以下地区会有冻害发生。北京市林果研究所魏钦平研究员报道，美国的G935砧木，在北京地区近10年越冬正常，可以抗-28℃以上的低温，国内从G935砧木的后代中选育出CY-15、CL426具有同等抗重茬、抗寒冷的效果。荷兰研究报道和我们10年观察，发现在适宜地区内，栽培自根砧比中间砧抗盐碱性强。另外，自根砧还有一个缺点，就是开花量过大，如果靠人工疏花疏果，每666.7m²需要20个工日，就抵消了自根砧节约劳动力的优点。对自根砧果园，必须进行化学疏花疏果，因为自根砧花量大，花期比较一致，应用化学疏花疏果风险很低。

## 第二节　CL246特点及应用

CL426系淳化天地生态农业科技有限公司和千阳天地生态农业科技有限公司2019年从G935芽变选育的抗重茬、抗寒、抗旱的新砧木，并且与M9-T337相比，根系须根多，主根发达，固定性比M9-T337强。

苹果砧木CL426经SSR分子标记方法检测证明，与美国的G-935相似度在98.2%以上，是M9-T337的升级换代砧木。是目前老果园改造、预防重茬病的首选苹果矮化自根砧木，CL426矮化自根砧苹果苗木与M9T337相比，具有显著优势。

### 一、CL426的主要生物学特征

CL426系淳化天地生态农业科技有限公司和千阳天地生态农业科技有限公司2019年从G935芽变选育的抗重茬、抗寒、抗旱的新砧木，并且与M9-T337相比，根系须根多，主根发达，固定性比M9-T337强。属矮化砧，新梢粗壮，红褐色，并分布圆形白色皮孔（M9-T337新梢为鲜红色，白色皮孔很少）。有短茸毛，节间平均长度1.5cm（M9-T337节间平均长度2cm），每个节芽处膨大鼓起。叶长6.61cm，叶宽3.98cm，鲜单叶重0.35g，叶片颜色比M9-T337浅，叶面不平展（见表3-7）。木质较硬，压条生根困难，繁殖率较低；与一般品种嫁接亲和力好；固地性较强，抗旱、抗涝、抗寒、抗盐碱。近几年随着我国保护性耕地禁止非粮化文件的落实，在重茬地建园越来越多，其中甘肃静宁县2021年春季就建立CL426、CY-15、G935系列矮化自根砧果园0.2万公顷。CL426砧木的根系不脆，不容易脱落和折断。另外，苗木干性强，对支架设施要求较低。

表3-7　砧木CL426与M9-T337叶片大小比较

| 矮化砧木 | 长度（cm） | 宽度（cm） | 单叶重（g） | 叶柄长度（cm） |
|---|---|---|---|---|
| M9-T337 | 6.90 | 4.62 | 0.51 | 1.13 |
| CL426 | 6.61 | 3.98 | 0.35 | 1.52 |

## 二、主要生长表现

1. 脱毒效果好

CL426是在G-935基础上芽变选育的，并刚通过组培脱毒育苗，且脱毒效果比M9T337好，已经脱除了花叶病毒、褪绿叶斑病毒、苹果茎沟病毒、苹果茎痘病毒、苹果绣果病毒和苹果皱果病毒。

2. 抗重茬、抗逆性强

在连续育苗3年的重茬地2021年春季起苗后，立即进行重茬育苗试验，春季枝接的红富士品种，在6月7日进行调查，CL426的新枝长度39.7cm，对照M9-T337仅15.9cm（见表3-8）。

表3-8　重茬地CL426育苗效果调查

| 矮化砧木 | 苗木高度（cm） | 苗木粗度（cm） | 叶片数量 | 叶耳大小 |
|---|---|---|---|---|
| CL426 | 39.7 | 0.51 | 23 | 大 |
| M9-T337 | 15.9 | 0.23 | 10 | 小 |

老果园挖了直接定植，成活率极高，长势健壮，不会早衰；抗逆性强，在盐碱地和酸化土壤中长势良好，抗旱性、抗寒性均优于其他种性的砧木。2019年春季挖除20年生老苹果园，整理土地，开沟施有机肥后立即栽植CL426富士和M9-T337富士，调查结果见表3-9。在宁夏−26℃，没有冻害，抗寒性强。

表3-9 重茬地CL426富士建园效果调查（2019年春季建园）

| 砧木 | 2019年树高（m） | 2020年树高（m） | 2021年株结果数（个） | 抗倒伏性 |
|---|---|---|---|---|
| CL426 | 2.6 | 3.2 | 33 | 强 |
| M9-T337 | 1.9 | 2.7 | 39 | 弱 |

3.早果丰产

从表3-9可看出，CL426早果性强，丰产性能好，定植后第2年个别枝开花，第3年结果，每666.7$m^2$产量达1000kg左右。

# 第三节　苗木培育

## 一、国内外苹果苗木生产现状

1.国外苹果苗木生产现状

北美的美国苗木生产采用砧木类型广泛包括M系、B系、G系等，其中B9、M7、M9、M26、MM106、MM111、G16、P18应用较多，而且M9优系T337、Nic29、Pajam 2占很大比例；其他砧木如BUD118、G30、supporter4、Mark也有一定的应用。其中M9占30%、B9占20%、M26占20%、M7占10%、MM106占9%、MM111占5%、G16占2%、G30占1%。定植时采用大而粗、有分枝的苗木（树干较矮）。利用方式，以自根砧为主，亦有少部分中间砧。加拿大采用的砧木主要为Ottawa 3、O3A、SJM系列，这与加拿大寒冷气候有直接关系。尤其SJM系列最近几年发展很快，产生了近10种新的砧木品种（如SJM44等）。

欧洲多个苹果生产国家（意大利、法国等）在苹果苗木中多采用M9自根砧,其中M9优系T337、Pajam 2等推广发展很快;波兰曾利用M9和普通安托诺夫卡杂交选育出P系抗寒砧木,过去波兰栽培苹果都采用的是M26或乔化砧木,现在开始推广砧木主要有M9、T337、B9等,其中M9占80%以上;气候寒冷的俄罗斯主要采用B9、B118。

目前日本主要推广自己选育的JM系砧木,5年生以下的幼园,基本都栽培矮化砧苹果树;韩国普遍采用M26和M9自根砧,以M9居多。

大洋洲国家澳大利亚苹果种植地区较为干旱,大部分为MM106和M26,也有很少部分MM109;新西兰气候较为适宜,砧木主要为M9。

南美洲国家智利利用M9和M26作苹果砧木,很少一部分采用MM106;而巴西苹果苗木多以M9作中间砧。

商业化苗圃生产的优质无病毒壮苗是早果丰产的关键。欧洲苗圃比较集中,便于管理、认证和监控。在优质苗木生产中,苗圃都建立砧木繁殖圃、采穗圃。育苗技术先进,育出的苗木质量高,都是3年生带有分枝的大苗。一般苗木标准是:基部干径在1.0~1.3 cm以上,苗高1.5 m以上,在合适的分枝部位有6~9个以上的分枝,长度40~50 cm。优质壮苗的主根健壮,侧根多,大多数长度超过了20 cm,毛细根密集。在砧木繁殖方式中,主要采用机械水平根剪切,起苗后将砧木苗分级,定植在育苗圃内,留下的砧木根继续繁殖,根次年萌发生长后,采用锯末覆盖和喷灌等方式促进砧木生根。

在苗木生产中采用行距0.8 m、株距0.3m,大多采用M9自根砧。采用2年或3年出圃。在2年出圃的苗木生产中,分级的砧木定植在苗圃中,秋季芽接后,让剪砧再长1年,形成带分枝的苗木出圃。促进苗木分枝的技术措施是:夏季在新梢顶端留叶柄摘叶,然后喷普洛马林,一般每年喷2~3次。在3年出圃的苗木生产中,第2年不促进发枝,形成单干苗,第3年早春在70 cm处短截后生长1年。苗木行下都有滴灌管进行灌溉施肥。

为了促进果园早期丰产，有的苗圃采用双芽接生产二主干苗，有的采用温室营养钵育苗，育出盆栽树。采用营养液喷雾，最大限度地促进苗木生长，苗木中干粗壮，分枝多而短，且角度大，定植于果园后可减少拉枝成本，结果早，根系发育好，定植后发苗快。

2.国内苗木生产现状及促分枝技术

（1）国内苗木生产现状

经过20多年的发展，我国已成为世界苹果生产大国，作为"种子工程"的种苗业也得到了长足发展。1998年以来，通过实施种子工程项目，已在兴城等地建设了国家苹果资源保存圃、种苗脱毒中心和果树良种苗木繁育场，由国家投资的国家、省、市（县）级苗木脱毒繁育中心和三级种苗产业工程初步建成，并在苹果苗木生产中发挥着作用。

在苹果苗木的质量和技术保证方面，我国现有部级苗木质检中心3个，分别为：农业部果品及苗木质量监督检验测试中心（辽宁省兴城）和农业部果品及苗木质量监督检验测试中心（河南省郑州），农业部果品及苗木质量监督检验测试中心（北京）。农业部还在山东省济南市建立了农业部植物脱毒种苗质量监督检验测试中心。农业部与山东省还联合在莱州市小草沟园艺场（大自然园艺科技有限公司）建立了国家级果树无病毒苗木繁育基地。农业部还在山东、陕西、河北、山西等8个省建立了20多处省级苹果苗木繁育基地。近年农业部启动了国家现代苹果产业技术体系，科技部批准依托山东农业大学组建国家苹果工程技术研究中心，建立起了国家级苹果研究创新与先进技术集成开发平台。

目前苹果苗木培育主要集中在陕西宝鸡的千阳、扶风、山东烟台这3个地区，苗木培育以散农户转为公司及合作社，以培育乔砧为主转为以自根砧为主，以培育普通苗为主转为以脱毒苗、抗重茬苗为主。其中千阳县有陕西海升、陕西华圣、千阳天地生态、千阳大地农业、木美土里、红彤彤、绿丰公司、青美、宝丰等10家公司。千阳天地生态农业科技有限公司分别在陕西淳化、陕西千阳、甘肃崇信、河南灵宝设有4个分公司，是2016注册成立的苹果苗木及生产专业公司，在陕西淳化县、千阳县、甘肃崇信县、河南灵宝市已流转土地333hm²，其中苗圃用地133hm²。已经建立苹果压条圃33hm²，年出圃自根砧200万株；建立苹果自根砧大苗繁育圃53hm²，建立新品种采穗圃33hm²，年出圃自根砧及中间砧带分枝大苗200万株；建立苹果自根砧示范园逾66hm²。目前繁育的主要矮化砧木有CL426、M9-T337、B9、B51、B118、M111等；目前嫁接的主要品种有福九红（青岛农业大学授权）、福丽（青岛农业大学授权）、秦脆（马锋旺教授授权）、瑞雪、瑞阳（赵政阳教授授权的联盟理事成员单位）、华硕、巴克艾、魔笛、kiku8号富士、烟富8号、烟富10号、福布拉斯、阿珍富士、维拉斯黄金、envy、爵士等。公司重视知识产权保护，繁育新品种与育种单位签订合同。正在承担实施陕西省苹果重大专项、咸阳市苹果重大项目，并申请国家发明专利4项。

我国目前关于苹果苗木管理的各项标准和规范较为完善，现行有关苹果苗木的国家和行业标准有7个。

同时，从苗木的生产上也看到我国苹果产业发展的特点，引进的基础上不断地寻求和创造适合地区特点的品种，表现为苹果品种秦脆、瑞雪、富九红、福丽、瑞香红、烟富系列等的大范围生产和应用。

在砧木种类的利用上，不同地区因地适宜，各显特色。辽宁绝大多数采用山定子；山东多采用平邑甜茶，部分为八棱海棠；河北和山西主要为八棱海棠，小部分采用山定子；陕西主要采用新疆野苹果和八棱海棠，小部分楸子。各省中间砧多采用M26，少量采用SH系，还有部分地区少量采用M9、M7、MM106。

(2)促分枝主要技术

①不同植物生长调节剂对苗木促分枝的影响。

通过不同植物生长调节剂对苗木促分枝技术进行研究,结果显示苗木品种高度的整体变化呈现出先快后慢的趋势,6~8月份品种的高度增长迅速,之后增长速度逐渐缓慢下来。普洛马林处理后品种高度增长速度高于其他处理,KT-30处理与对照品种高度的增长情况一致,而抽枝宝在7月15日处理后,品种高度的增长速度明显减慢,8月中下旬恢复正常的生长速度。

普洛马林、KT-30及抽枝宝3种不同植物生长调节剂处理在有效分枝和平均分枝粗度极显著多于对照,普洛马林的有效分枝数极显著高于KT-30处理与抽枝宝处理,在无效分枝数量方面,KT-30处理极显著高于普洛马林和对照处理,显著高于抽枝宝处理,抽枝宝处理极显著高于对照,显著高于普洛马林处理;3种不同植物生长调节剂在平均枝粗上无显著差异;但普洛马林在有效分枝数量、平均分枝长度及分枝角度方面都显著高于KT-30和抽枝宝处理,而KT-30处理与抽枝宝处理的平均枝长与对照无显著差异。KT-30与抽枝宝处理在有效分枝数量、平均枝长、平均枝粗及分枝角度方面均无显著差异。对照的分枝角度显著高于其他3个处理。

普洛马林与KT-30处理的苗木分枝长度随植株高度增加而减少,而抽枝宝处理在90~150cm高度时枝条最长,在分枝粗度上不同处理间无太大差异;在分枝角度方面,分枝角度随着分枝高度的增高而逐渐减小,对照的分枝角度大于其他处理;在分枝数方面,有效分枝数都是随着分枝高度的增加而逐渐减少,无效分枝数量随着分枝高度的增加而逐渐增加,其中普洛马林、KT-30及抽枝宝3种不同植物生长调节剂处理的有效分枝与无效分枝数分布均匀而且数量大,有效分枝主要集中在70~130cm之间,其中普洛马林处理的有效分枝数在不同

## 第三章 自根砧主要优缺点及苗木培育

分枝高度都明显高于KT-30处理和抽枝宝处理,而KT-30处理与抽枝宝处理的无明显差异;KT-30处理的无效分枝数量在不同的分枝高度都显著高于普洛马林处理、抽枝宝处理及对照。对照的分枝主要集中于70~110cm,110cm以上基本上是"光干"的现象。

②促分枝对苗木根系的影响。

通过促分枝后在10月下旬对苗木根系进行了解剖,把苹果苗木分为地上和地下两部分。普洛马林处理的植株地下部分根系的总重极显著高于KT-30、抽枝宝及对照处理,而KT-30处理与抽枝宝处理的根重显著高于对照。测定直径大于等于0.3cm的侧根的指标,普洛马林处理的侧根数显著高于KT-30处理,极显著高于抽枝宝和对照;KT-30处理的侧根数显著高于抽枝宝处理及对照,而抽枝宝处理与对照无显著差异。4种不同处理在侧根的平均长度上无显著差异,在侧根的平均粗度方面,普洛马林处理的平均粗的极显著高于KT-30处理、抽枝宝处理和对照,在KT-30处理、抽枝宝处理和对照处理之间无显著差异。

不同处理后对植株地上部分也有不同程度的影响。在砧木主干与品种主干的重量方面,普洛马林处理的砧木主干的重量与品种主干的重量都显著高于KT-30处理和抽枝宝处理,极显著高于对照,KT-30处理与抽枝宝处理显著高于对照,而KT-30处理与抽枝宝处理二者之间无显著差异。在侧枝干重方面,普洛马林处理的总侧枝干重极显著高于KT-30处理、抽枝宝处理和对照,抽枝宝处理极显著高于对照,显著高于KT-30处理,KT-30处理显著高于对照。在总叶重方面,普洛马林处理的总叶量极显著高于KT-30处理、抽枝宝处理和对照,KT-30的总叶量极显著高于对照,抽枝宝处理显著高于对照,KT-30处理与抽枝宝处理之间无显著差异。在地上部分总重量上,普洛马林处理的总侧枝干重极显著高于KT-30处理、抽枝宝处理和对照，KT-30处理与抽枝宝处理极显著高于对照，KT-30处理与抽枝宝处理之间无显著差异。根冠比就是地下部分鲜（干）重与地上部分鲜（干）重的比值。

③不同植物生长调节剂对苹果幼苗成花的影响。

6月30日进行的普洛马林结合乙烯利处理在单株成花数、成花株率、单株成花枝条率和平均成花枝长方面都要显著高于普洛马林结合烯效唑处理的效果，而且6月30日进行的普洛马林结合烯效唑处理和普洛马林结合乙烯利处理在单株的成花量上明显高于7月30日进行的处理。在7月30日进行的处理中，普洛马林结合乙烯利的处理在成花数和成花率上都要高于普洛马林结合烯效唑的处理，6月30日和7月30日的处理要明显好于对照中单独使用普洛马林的效果处理，还可以看出对照中的清水处理不能使苹果幼树成花。

所有处理的成花部位主要集中于分枝高度130~170 cm，而且成花枝长是随着分枝高度的增加而减小。在6月30日进行的处理中，普洛马林结合乙烯利的处理在分枝高度70~130 cm处成花的分枝数量要多于普洛马林结合烯效唑处理，而且普洛马林结合乙烯利处理在不同分枝高度上的成花分枝长度都要高于普洛马林结合烯效唑处理。在7月30日进行的处理在分枝高度方面，普洛马林结合乙烯利处理在不同分枝高度上的花数和成花分枝长度都要高于普洛马林结合烯效唑处理的效果。在对照处理中，单独使用普洛马林处理在130 cm以下的枝条没有任何促花效果，在分枝高度130~190 cm的枝条有部分成花，但从促花效果上还是少于普洛马林结合烯效唑或乙烯利的促花效果的。

### 3.主要矮化砧木

虽然矮化砧木经过组织培育可以培育自根砧苗木，但速度快，成本低的还是压条繁殖。目前国内大量生产的自根砧有5个砧木。

（1）M9，原名黄梅兹乐园或黄梅兹。我国将其列为矮化砧。

## 第三章 自根砧主要优缺点及苗木培育

新梢粗壮，绿褐色，有短茸毛，节间短，木质较脆，木质化新梢黄褐色，带有银色晕；皮孔小而稀，白色，长椭圆形；芽中等大，不太饱满；叶片较大，叶面皱褶，叶脉下陷，长卵圆形；压条生根困难，繁殖率较低；与一般品种嫁接亲和力尚好；固地性较差，不抗旱、涝；木质脆，有折干倒伏和出现"大脚"现象，M9上的树体生长不太整齐，果实大小也不十分均匀。近几年在河南等省栽培较多，早期丰产性强。

（2）M9-T337，是荷兰木本苗木植物苗圃检测服务中心从M9选出来的脱毒M9矮化砧木优系，又称NAKB T337，比M9长势旺20%，易压条繁殖，果业发达国家（如意大利、法国、荷兰、比利时、德国、韩国、美国等）广泛推广并已获得巨大成功的高纺锤树形果园多采用这种矮化砧。该砧木具有更好的苗圃性状，除了压条易繁殖外，还能春季利用硬枝进行扦插生根，苗木生长整齐。叶片略小，易萌发二次枝。果业发达国家生产上利用该砧木，将2年生自根砧成品苗于60~70cm处短截，培育成带分枝的大苗，建园成形快、结果早，通常第2~3年即形成可观产量。M9-T337矮化自根砧育苗具有育苗简单、园貌整齐、结果早、产量高、品质好等优点，是世界苹果生产发展的趋势。表现干性强，易成花，结果大小均匀，丰产性好，特别适宜发展高密度的高纺锤形树形，抗寒性优于M26。但T377根系很脆，苗木搬动几次，就有许多根系脱落，影响生长。

（3）CL426，是淳化天地生态农业科技有限公司和千阳天地生态农业科技有限公司2019年从G935芽变选育的抗重茬、抗冻、抗旱的新砧木，并且与M9-T337相比，根系须根多，主根发达，固定性比M9-T337强。属矮化砧，新梢粗壮，红褐色，有短茸毛，节间短，每个节芽处膨大鼓起，木质较硬，压条生根困难，繁殖率较低；与一般品种嫁接亲和力好；固地性较强，抗旱、抗涝、抗冻、抗盐碱。CL426砧木的根系不脆，不容易脱落和折断。另外，苗木干性强，对支架设施要求较低。

（4）M26，由M16×M9育成，1959年作为抗寒砧木推广，我国将其列为矮化砧。枝梢硬而直立，粗壮，节间短（1.1～1.7cm）；嫩梢红褐色，并有白色茸毛；老枝灰褐色，长有红色小瘤，节较粗；芽灰色或紫红色，基部两侧隆起；皮孔圆形或椭圆形；叶片较厚，长6.2～8.7cm，宽4.2～5.7cm，呈卵圆形或长卵圆形，根蘖少，根系较脆，但固地性较好，与品种嫁接亲和性好。嫁接树的矮化程度介于M9与M7之间，但优于M9，能忍受短期-17.8℃的低温。不抗棉蚜和颈腐病，目前陕西、河南等省在生产中主要推广M26号。

（5）B9，属Budagovsky系砧木，是苏联米丘林国立农业大学作为耐严酷冬寒砧木而推广。有Bud–57–490、Bud–54–146、Bud–57–491等等，其中B9在苏联和波兰作为主要耐寒中间砧而采用，也是世界上普遍反映抗寒性较好的砧木之一，现在作为自根砧大量推广。

4.建立砧木压条圃

目前世界普遍采用的矮化自根砧的砧木压条圃有2种方法，一是直立压条，二是水平压条。建立无病毒压条圃的土地，要求30年内未栽植过苹果、梨等仁果类果树，并且周围2km内没有仁果类的有病毒果园，水源方便。年均气温8.5～14℃，无霜期180d以上，年降雨量500mm以上，海拔高度1300m以下。

（1）直立压条

一般开始繁殖量低，速度慢，但砧木生长旺盛，适合小面积繁育自根砧苗木，在生产中应用较少。首先通过组织培养获得自根砧小苗，直径5～6mm粗，或从新建压条圃的前5年剪取带根系砧木苗（不带病毒病），但5年以后不建议再用来建压条圃，主要是生根量逐年减少，出苗率降低。在春季把砧木定植，当年秋季从离地面5cm处短截（见图3-1），春季侧枝长到30cm开始，随生长量不断在基部培土

## 第三章 自根砧主要优缺点及苗木培育

及锯末（加入辛硫磷颗粒剂预防地下害虫），让侧枝下部生根，秋季剪取带根系的砧木，年复一年地繁殖自根砧苗木。

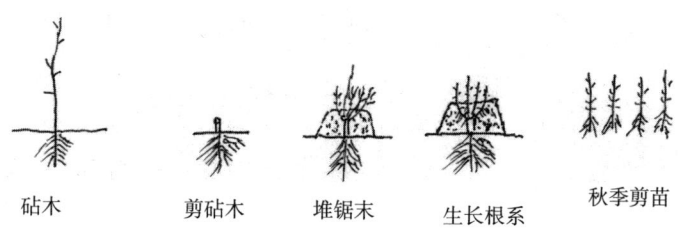

图3-1 直立压条

（2）水平压条

一般开始繁殖量大，速度快，适合大面积繁育自根砧苗木和机械化作业，在生产中应用很广泛。首先通过组织培养获得自根砧小苗，直径5~6mm粗，或从新建压条圃的前5年剪取带根系砧木苗（不带病毒病），但5年以后不建议再用来建压条圃，主要是生根量逐年减少，出苗率降低。在春季把砧木离地面30°~40°斜栽，其中株距35cm左右，行距1.5~2m，每666.7m²栽植1000~1400株，行距由机械的宽度确定，主要是运输锯末。当年秋季降霜后，立即把所有枝条在地面压成水平，用25cm长的小竹竿或筷子采用交叉的方式固定枝条（见图3-2），春季当背上萌枝长到35cm开始，随生长量不断在基部培锯末（加入辛硫磷预防地下害虫），连续培3次，每次间隔20d，锯末呈高50cm，底宽60cm，顶宽40cm的梯形。并经常浇水，保持锯末有湿度。666.7m²的压条圃，年需水50m³，其中6~7月培锯末期间需水30m³，几乎每7天喷水1次。秋季剪取带根系的砧木，年复一年地繁殖自根砧苗木，一个压条圃可产15~20年砧木苗木。其中每隔2年要检测1次病毒情况，如果发现有病毒病，立即毁掉苗圃。

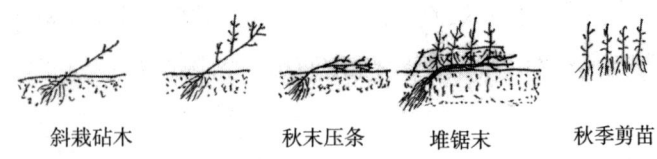

斜栽砧木　　秋末压条　　堆锯末　　秋季剪苗

图3-2　水平压条

**5. 大苗繁殖圃**

建立无病毒大苗繁殖圃的土地，要求20年内未栽植过苹果、梨等仁果类果树，并且周围1km内没有仁果类的有病毒果园，水源方便。年均气温8.5~14℃，无霜期180d以上，年降雨量500mm以上，海拔高度1300m以下。

在春季把从砧木压条圃采集的砧木苗，粗度在0.8cm以上，在室内嫁接无病毒品种，其中矮化砧木长度要在38~40cm，舌接法最好。把嫁接好的苗木保存在温度1~2℃，湿度95%的专用冷库，让自然愈合。但普通贮藏苹果的果库不能使用，因为有病毒病传播。把粗度在0.8cm以下的也放到冷库保存。嫁接越早，苗木生长越旺盛，如果在3月份嫁接，可以不在冷库贮藏，用锯末保湿在常温下贮藏，塑料纸包严，1周后直接在大田栽植。

嫁接苗3月15日至30日定植，要求行距90cm，株距25cm，每666.7m$^2$栽植3000~3500株。栽植前把地耙平、耙虚，把移动滴管做好。

栽植后，地面喷布密封式除草剂二甲戊灵。每瓶200g，加水30~45kg，即300~450倍。下雨或浇水后喷布效果更好，如果草有少量生长出来，再加入草胺磷喷布。隔7~10d再浇1次水。不要浇水过多，否则导致地温低，发芽晚。

当品种芽萌发出6~7cm时，立即把砧木发出的新枝抹除，但嫁接品种发出的所有新枝不抹。当品种的最顶端新梢长到15cm左右，

## 第三章 自根砧主要优缺点及苗木培育

保留这个新梢,其他枝全部抹除,包括品种的新梢和砧木的新梢。估计每隔10天抹1次,共抹2~3次,直到下面芽不再萌发为止。

购买咸阳玻璃纤维厂生产的玻璃纤维杆,高度1.4m左右,在苗旁插入地下30cm,地上留1.1m,用绑扎机绑苗干。玻璃纤维杆可以多年使用。

芽萌发出来5cm左右,每666.7m²追尿素5kg,以后每半个月1次,第2次每666.7m²追尿素10kg。发现蚜虫喷布吡虫啉或定虫脒,发现卷叶虫喷布氯虫苯甲酰胺。

当新梢苗木长到离地面70cm时,估计为6月中旬到7月上旬,气温在30℃以下。首先把苗木绑在纤维杆上。再喷布促分枝植物激素。连续喷布2~3次,每次间隔7~10d。在这1个月时间,每10d浇水1次,每666.7m²施尿素10kg,在7月中旬之前每666.7m²共使用尿素35~40kg。在8月份,每666.7m²使用磷酸二氢钾15kg,分2次施入。

对栽植没有嫁接的砧木苗,在夏季离地面15cm处嫁接无病毒品种,第2年在品种芽上0.5cm处短截,按照以上方法培育分枝大苗。

成品苗木秋季出圃后,立即保存在专用冷库中,温度1~2℃,湿度95%。

### 6.采穗圃

培育无病毒自根砧苹果苗,一定要建立自己的品种采穗圃,建立无病毒采穗圃的土地,要求30年内未栽植过苹果、梨等仁果类果树,并且周围2km内没有仁果类的有病毒果园,水源方便。年均气温8.5~14℃,无霜期180d以上,年降雨量500mm以上,海拔高度1300m以下。

选用无病毒的MM111等半矮化砧木,种植株距0.8~1m,行距3~3.2m。成活后利用当年夏季嫁接或第二年春季枝接无病毒品种,品种苗从80cm处定干,培育小冠形,每年夏季和冬季各采1次接穗。每隔2年对采穗圃检查1次病毒病,如果发现病毒病立即毁掉。采穗圃一般使用10年左右。

　　以上是在千阳县的陕西海升果业，陕西华圣果业、淳化天地生态农业科技有限公司等总结的自根砧苹果育苗技术。另外，在陕西蒲城的陕西康霖农业公司2015年直接从荷兰进口自根砧苹果苗和压条，建立自根砧示范园800×666.7m²，建立自根砧压条圃150×666.7m²，也总结出一套自根砧大苗培育技术。

　　**7.苹果矮化自根砧苗木标准**

　　虽然农业部关于苹果矮化自根砧苗木有行业标准，但标准与实际不符合，不好操作执行。千阳县把西北农林科技大学千阳苹果试验示范站、陕西海升果业公司、陕西华圣果业公司、千阳大地丰泰农业公司、千阳天地生态科技有限公司等联合在一起成立了千阳苹果自根砧协会和宝鸡苹果研究院，制订了苹果自根砧苗木出圃标准（见表3-10）。

表3-10　苹果矮化自根砧苗木规格指标

| 项目 | | 级别 | | |
|---|---|---|---|---|
| | | 一级 | 二级 | 三级 |
| 品种与砧木类型 | | 纯正 | | |
| 根 | 侧根数量 | 10条以上 | 8条以上 | 5条以上 |
| | 侧根基部粗度 | 0.25cm以上 | 0.20cm以上 | 0.20cm以上 |
| | 侧根长度 | 20cm以上 | | |
| | 侧根分布 | 均匀、舒展而不卷曲 | | |
| 茎 | 砧段长度 | 20~25cm | | |
| | 高度 | 160cm以上 | 140cm以上 | 120cm以上 |
| | 粗度 | 1.2cm以上 | 1.0cm以上 | 0.8cm以上 |
| | 倾斜度 | 15度以下 | | |
| 整形带内分枝 | 分枝长度 | 40~60cm | | |
| | 分枝数量 | 10个以上 | 8个以上 | 6个以上 |
| 根皮与茎皮 | | 无干缩皱皮。无新损伤处；老损伤处总面积不超过1.00cm² | | |
| 接合部愈合程度 | | 愈合良好 | | |
| 砧桩处理与愈合程度 | | 砧桩剪除，剪口环状愈合或完全愈合 | | |

# 第四章 果园建立及综合管理

高质量矮化苹果园建设要根据园地形状、土壤类型和面积，首先做好主栽品种选择、授粉品种配置，应对栽植行向、密度和方式做出合理安排。大面积连片果园，还必须设计道路系统，便于物资运输。其次应建设必要的辅助设施，修造灌溉排水系统、农药库、配药池、临时果库、看护房等。山地建园，要建设必要的水土保持工程和营造防护林。

## 第一节 不同品种自根砧幼树生长结果情况

为了研究苹果矮化自根砧M9-T337在各地的适应性表现，分别对陕甘地区千阳、正宁、宁县、灵台、洛川、黄龙6县21个矮化自根砧富士苹果园进行了实际调查。结果表明，砧木露地面部分直径、品种干径、树体高度、树体冠径均是矮化自根砧大于中间砧。其中2014年矮化中间砧富士苹果的砧木直径、品种干径、树体高度、树体冠径分别是自根砧富士苹果的92.70%、84.99%、86.36%和89.79%。矮化自根砧富士栽植当年开花，每666.7m²第2年产量515kg，第3年产量是中间砧富士的4.86倍。在果个、可溶性固形物含量、硬度指标中，除矮化自根砧富士果个比矮化中间砧较小外，其他均比矮化中间砧高。除宁县有8%的矮化自根砧富士苹果春季抽条外，其他县均生长正常，早结果性状明显。

## 一、调查果园基本情况

2012年11月至2015年6月分别对陕西千阳海升现代农业公司、西农大千阳苹果试验站、甘肃正宁县宫河镇现代苹果示范园及海升现代农业公司的灵台、宁县、洛川、黄龙基地等6县21个矮化自根砧苹果果园进行随机布点调查，正宁树龄6年生，千阳树龄1~4年生，灵台、宁县树龄1~2年生，洛川树龄1~4年生（西农大洛川苹果试验站树龄4年生），黄龙树龄1年生。每个果园按照五点取样法选择调查树，每点调查1株树，求平均值。主要调查地上M9-T337的自根砧或M9中间砧最大粗度处砧木直径，砧木与品种嫁接口向上20cm处品种段直径及树高、东西南北冠径平均值。果实采收时调查单株产量折算单位面积产量，并分析单果重、果实硬度、可溶性固形物含量。

## 二、结果与分析

### 1.六县气候条件与苹果生产

从表4-1可看出，6县气候条件完全适合苹果生长，海拔在900~1200m之间，降雨量600mm左右，日照充足，无霜期在165~180d之间。但冬季极端最低气温在-25.1~-20.7℃之间，据这几年观察，多在-21~-15℃之间，对乔砧苹果和自根砧苹果是比较安全的温度。从苹果面积看，洛川面积最大是3.37万公顷，黄龙最少是0.49

万公顷。陕西苹果面积居全国第1、甘肃苹果面积全国第2。

表4-1 6县苹果面积及气候条件

| 地名 | 年均气温（℃） | 年降水量（mm） | 年日照时数（h） | 年无霜期（d） | 极端最高气温（℃） | 极端最低气温（℃） | 海拔（m） | 苹果面积（万公顷） |
|---|---|---|---|---|---|---|---|---|
| 千阳 | 10.9 | 641 | 2212 | 179 | 40.5 | −20.7 | 902 | 0.62 |
| 正宁 | 10.4 | 627 | 2447 | 180 | — | −25.1 | 1430 | 1.55 |
| 灵台 | 10.6 | 599 | 2453 | 165 | 37.8 | −23.2 | 1150 | 1.02 |
| 宁县 | 8.7 | 541 | 2375 | 174 | 37.3 | −20.9 | 1122 | 1.30 |
| 洛川 | 9.2 | 622 | 2510 | 170 | 39.1 | −23.0 | 1100 | 3.37 |
| 黄龙 | 9.5 | 602 | 2528 | 172 | 39.4 | −23.7 | 1200 | 0.49 |

2. 6县矮化自根砧苹果生长及结果情况

千阳县矮化自根砧苹果生长及结果情况：千阳县从2012年4月份开始建立矮化自根砧苹果园，其中陕西海升现代农业公司、陕西华圣果业公司、千阳大地丰泰公司、千阳天地生态科技公司、陕西枫丹百丽公司、农民大户共建立M9-T337矮化自根砧果园1600hm²。从表4-2的2012~2014年自根砧与中间砧富士生长情况来看，砧木露地面部分直径、品种干径、树体高度、树体冠径均是自根砧富士大于中间砧富士，其中2014年中间砧富士的砧木直径、品种干径、树体高度、树体冠径分别是自根砧富士的92.70%、84.99%、86.36%和89.79%。栽植苹果的目的通过产量产生经济效益，自根砧与中间砧富士最大的区别是产量，自根砧富士在栽植当年就满树开花，为了促进树体生长人为将花序全部疏除。第2年自根砧富士每666.7m²产量515kg，中间砧没有产量；第3年自根砧富士每666.7m²产量是中间砧的3.86倍。在果个、可溶性固形物含量、硬度指标中，除自根砧果个比中间砧较小外，其他均比中间砧高。另外，自根砧未采用促花措施，中间砧进行了多道环切和多次拉枝措施。2015年自根砧产量比2014年又高出10%

左右。分析原因可能是由于自根砧是无病毒苗,须根极多,栽植后长势旺,易成花。

表4-2　千阳矮化自根砧及中间砧富士生长及结果情况

| 测量时间 | 矮砧栽培方式 | 砧木直径(cm) | 品种干径(cm) | 树高(m) | 冠径(m) | 666.7m² 产量(kg) | 单果重(g) | 可溶性固形物含量(%) | 硬度(kg/cm²) |
|---|---|---|---|---|---|---|---|---|---|
| 2012 | 自根砧 | 3.24 | 2.41 | 2.10 | 1.62 | 0 | — | — | — |
| | 中间砧 | 3.05 | 2.11 | 1.99 | 1.51 | 0 | — | — | — |
| 2013 | 自根砧 | 5.15 | 3.52 | 3.18 | 2.18 | 515 | 221.3 | 16.1 | 7.21 |
| | 中间砧 | 5.04 | 3.41 | 3.12 | 2.07 | 0 | — | — | — |
| 2014 | 自根砧 | 6.99 | 4.73 | 3.52 | 2.35 | 2584 | 224.5 | 16.2 | 7.76 |
| | 中间砧 | 6.48 | 4.02 | 3.04 | 2.11 | 532 | 242.0 | 15.0 | 6.12 |

表4-3是千阳栽植的自根砧与中间砧嘎拉生长及结果情况,生长及结果规律也是自根砧比中间砧生长势强,结果早,产量高。总体看,自根砧富士比嘎拉长势要强。

表4-3　千阳矮化自根砧及中间砧嘎拉生长及结果情况

| 测量时间 | 矮砧栽培方式 | 砧木直径(cm) | 品种干径(cm) | 树高(m) | 冠径(m) | 666.7m² 产量(kg) | 单果重(g) | 可溶性固形物含量(%) | 硬度(kg/cm²) |
|---|---|---|---|---|---|---|---|---|---|
| 2012 | 自根砧 | 2.64 | 2.92 | 1.95 | 1.52 | 0 | — | — | — |
| | 中间砧 | 2.25 | 1.51 | 1.79 | 1.31 | 0 | — | — | — |
| 2013 | 自根砧 | 4.74 | 2.93 | 2.84 | 1.87 | 715 | 161.3 | 13.5 | 7.01 |
| | 中间砧 | 4.55 | 2.64 | 2.65 | 1.67 | 0 | — | — | — |
| 2014 | 自根砧 | 6.30 | 5.32 | 3.32 | 2.01 | 2533 | 167.0 | 13.4 | 7.31 |
| | 中间砧 | 5.85 | 4.65 | 3.14 | 1.76 | 633 | 167.3 | 13.5 | 6.98 |

洛川、宁县、灵台3县矮化自根砧富士苹果生长及结果情况：洛川、宁县、灵台3县的栽植技术与千阳完全相同，株距1m，行距3.5m，每666.7m²栽植190株，苗木也均为2014年4~5月从荷兰引进的M9-T337矮化自根砧苹果苗。富士、嘎拉、乔纳金等品种的生长及结果表现基本一致。从表4-4可看出，富士自根砧树体长势、单株结果量均是灵台好于宁县，宁县好于洛川，主要原因是洛川栽植后没有立即灌水，影响了树体生长量。2014栽植的苗木，成活率在95~96%，2015年由于雨水多，滴灌应用及时，成活率在98%以上。

表4-4 3县自根砧富士生长及结果情况

| 地名 | 面积(hm²) | 株高(m) | 品种干径(m) | 冠径(m) | 总分枝条/株 | 其中15cm以上长枝数 | 坐果(个/株) | 成活率(%) | 春季抽条株率(%) |
|------|----------|--------|------------|--------|-----------|----------------|-----------|---------|---------------|
| 灵台 | 73.33 | 2.25 | 2..25 | 2.36 | 22 | 13 | 7 | 96 | 0 |
| 宁县 | 75.67 | 2.15 | 2.16 | 2.25 | 16 | 14 | 4 | 95 | 8 |
| 洛川 | 56.67 | 2.01 | 2.01 | 1.80 | 20 | 15 | 3 | 95 | 0 |

正宁和黄龙县矮化自根砧苹果生长及结果情况：甘肃正宁县宫河镇现代苹果示范园2010年6月从荷兰引进M9-T337矮化自根砧11个品种的苹果苗木，园区面积0.4hm²，按行株距3.25m×1m栽植。富士、嘎拉、乔纳金、黄元帅、红星、澳洲青苹等常规品种没有冻害及春季抽条。从6年生果园生长情况来看，澳洲青苹生长势最强，不论自根砧露地面多高都生长很强，最高达4.1m，乔纳金生长适中，以自根砧露地3~5cm最好，黄元帅生长势较弱，树高仅3.5m。

黄龙县为2015年4~5月从荷兰引进的M9-T337矮化自根砧苹果苗，栽植面积56.67hm²，滴灌条件有限，栽后在树盘两边各铺0.8m宽黑色地布，6月中旬调查，成活率99%以上，株株均有花序，为了不让结果,从开花初期开始,每隔4天各喷1次成品石硫合剂(含量29%),连喷3次,喷施浓度为1%(含量为1%),对幼叶无伤害,促进花朵脱落和不坐果。

3.结论与讨论

从本调查研究看出,矮化自根砧M9-T337苹果苗在正宁生长6年、千阳和洛川生长4年、其他4县仅生长1~2年,初步认为自根砧与中间砧比较,自根砧的生长势明显强于中间砧。并且自根砧苗木须根发达,吸收根是中间砧的2倍以上。吸收根多一般根系中细胞分裂素含量高,有利于花芽分化,表现出栽植当年矮化自根砧苹果苗就大量开花,比中间砧早结果1~2年,在栽后第4年矮化自根砧富士苹果园单位面积产量是中间砧的4.86倍。

我国是富士苹果生产大国,富士面积占苹果总面积的70%以上,无论是黄土高原、渤海湾苹果产区,还是黄河故道、西南冷凉高地苹果产区,均表现出富士苹果长势旺,难成花,管理费时费工,虽然采用环切、环剥手术也能成花,但用工量大,伤口腐烂病严重,果实采前落果严重,果实品质下降。30多年前我国通过栽培中间砧就想解决富士苹果不结果问题,但中间砧长度、入土深浅不易掌握,树冠大小、长势差别大。到目前我国苹果中间砧推广面积仅占苹果总面积的10%左右,发展缓慢。矮化自根砧苹果引进仅8年左右,生长势及产量、品质表现明显好于中间砧,很快在全国开始推广。但目前关键问题是矮化自根砧苹果的冻害和春季抽条问题,通过调查在千阳气候条件下没有发生冻害和春季抽条。通过灵台、宁县、洛川的调查,在灵台和洛川均未发生冻害及春季抽条,其中西北农林科技大学洛川苹果试验站已栽植的4年生矮化自根砧富士苹果生长正常,2015年每株富士结果30多个。宁县有8%春季抽条现象发生,比较极端最低气温宁县比洛川、灵台还高,主要原因是宁县降雨量

（541mm）明显比洛川（622mm）、灵台（599mm）少，春季因缺水发生抽条。对这类地区，栽培自根砧要注意春灌和采取保墒措施。矮化自根砧果园，根系较浅，一定要栽桩拉丝，扶植树体生长，并采用高纺锤形整形修剪技术。自根砧苹果树结果早，产量高，肥水管理非常重要，千阳县2014年5月果园A区和B区，栽植同样大小的矮化自根砧M9-T337嘎拉苹果苗，A区株施木美土里生物有机肥0.5kg、磷肥0.5kg，栽后及时浇水，并铺黑色地布，但B区未铺黑色地布，浇水少，未追肥。2015年6月调查A区株挂果30多个，B区仅10个左右。估计2016年A区株结果100个左右，折合666.7$m^2$产量在3100kg以上。

## 第二节　8县（市区）自根砧冻害调查分析

陕西海升果业发展股份公司从2012年起，大量从欧洲引进省力、省工化栽培的苹果矮化自根砧大苗及培育技术，在全国20多个县建立自根砧苹果示范园，累计面积逾2000$hm^2$。栽后长势旺，第2年结果，第3年每公顷产量20t以上。但国内学者普遍认为自根砧根系浅，抗性差，尤其是抗寒性差，在冬季低温低于−20℃以下地区有冻害。2016年元月下旬我国北方出现多年不遇的低温冻害，其中北京市报道是30年来不遇的低温。这种特殊气候对自根砧苹果影响如何？在海升公司及苹果产业体系银川试验站的配合下，3月下旬到4月下旬对洛川、黄龙、宜川、延川、吴忠、延庆6县（区）海升自根砧苹果基地冻害进行了调查。同时也通过电话调查了陕西海升新疆和辽宁基地。结果如下：

## 一、最低温度与冻害情况

### 1.北京延庆区

海升北京延庆自根砧苹果基地位于延庆区张山营镇苏庄村，面积66.7hm$^2$，2015年6月定植自根砧M9-T337富士、嘎啦、乔纳金等品种。当年生长正常，树高2.5m左右。从表4-5可看出，在2016年1月11~26日出现16天–19℃以下低温，其中1月22日最低气温达到–26.5℃。据北京市气象局报道，延庆区佛爷顶最低–29.8℃的低温，为30年来最低温度。从4月中旬的萌芽情况看，嘎啦、乔纳金生长和开花正常，抽条株率不到2%，但主干日灼明显，有冻伤裂纹及黑斑。富士主干抽条特别严重，顶部嫩梢普遍发生抽干，主干抽干现象达50%，其中5%砧木与品种的嫁接口发黑，但M9-T337砧木已开始萌芽，没有冻害。通过询问当地果农，他们说延庆区过去栽植乔砧富士大面积冻死，目前栽植小国光、寒富没有冻害。但2016年春季新栽M9-T337富士，由于未出现极端低温，这2年生长正常。

表4-5　八县（市区）2016年春季最低温度

| 县（区） | 最低气温 出现日期 | 最低气温 低温（℃） | 低于–19℃ 天数 | 极端最低温度 |
| --- | --- | --- | --- | --- |
| 北京延庆 | 1月22日 | –26.5 | 16 | 2016年为极端低温 |
| 宁夏吴忠 | 1月23日 | –27.0 | 7 | 2016年为极端低温 |
| 陕西延川 | 1月23日 | –23.0 | 3 | 1997年为–22.5℃ |
| 陕西黄龙 | 1月23日 | –23.0 | 2 | 极端低温2002年为–23.7℃ |
| 陕西宜川 | 1月23日 | –20.3 | 1 | 极端低温2002年为–23.3℃ |
| 陕西洛川 | 1月23日 | –20.0 | 3 | 极端低温2002年为–23.0℃ |
| 新疆阿拉尔市 | 1月23日 | –22.0 | 5 | 历史极端低温为–28.0℃ |
| 辽宁沈阳新民市 | 1月24日 | –25.0 | 12 | 历史极端低温为–33.1℃ |

## 2. 宁夏吴忠

海升宁夏吴忠自根砧苹果基地位于吴忠市利通区扁担沟镇同利新村。分别于2014年6月和2015年6月定植自根砧M9-T337富士、嘎啦、乔纳金等品种，2014年栽植3.3hm²，2016年栽植66.7hm²。其中2014年为当地公司栽植，海升技术指导。1~2年生幼树均生长正常，其中2年生树每株开花30多个花序。从表4-5可看出，在2016年1月23日前后出现7天-19℃以下低温，其中1月23日最低气温达到-27℃。据吴忠气象资料查询，55年来最低气温2000年为-25℃，2016年为历史极端低温。从4月中旬的萌芽情况看，嘎啦、乔纳金生长正常，抽条株率不到2%，但主干有冻伤裂纹及黑斑。2015年栽植的富士苗，栽植时因干旱怕成活率低，普遍进行了定干，发出的1年生新梢有50%发生抽干现象，但主干没有冻害。2年生幼树嘎啦、富士、乔纳金开花正常，仅有2%左右的富士主干冻死。2017年春季再次对吴忠自根砧苹果园进行调查，发现2014年定植的自根砧、中间砧和乔砧果园，由于实施地面覆草和增施有机肥，果园生长很好，其中自根砧与乔砧生长势接近，中间砧表现较差，我们咨询园主，如果明年再栽苹果选择何种栽培模式，他回答为自根砧。

## 3. 陕西延川

海升延川基地位于陕西省延川县杨家圪台镇阁连村，面积66.7hm²。于2015年6月定植自根砧M9-T337富士、嘎啦、乔纳金等品种。从表4-5可看出，在2016年1月23日前后出现3天-19℃以下低温，其中1月23日最低气温达到-23℃，为历史极端低温。从4月中旬的萌芽情况看，嘎啦、乔纳金生长、开花正常，无抽条现象发生。2015年栽植的富士苗，栽植时因干旱怕成活率低，也普遍进行了定干，发出的1年生新梢有20%发生抽干现象，但主干没有冻害。

### 4.陕西宜川和洛川

海升宜川自根砧基地2015年6月栽植,面积80hm²,位于宜川丹洲镇圪崂村。海升洛川基地分别于2014年5月和2015年6月栽植,面积86.7hm²,位于洛川县土基镇湫村。1~2年生幼树均生长、开花正常。从表4-5可看出,在2016年1月23日前后出现1~3天-19℃以下低温,其中1月23日最低气温分别达到-20℃和-20.3℃。这2个县历史极端温度分别为-23.3℃和-23.0℃,今年温度没有低于极端低温。从4月中旬的萌芽情况看,嘎啦、乔纳金、富士等品种均萌芽开花正常,无冻害现象。

### 5.新疆阿拉尔市

海升新疆基地位于阿拉尔市,阿拉尔市为新疆自治区直辖的县级市,为新疆建设兵团农一师驻地,距离阿克苏市120km。于2015年6月定植自根砧M9-T337富士、嘎啦、乔纳金等品种,面积66.7hm²。从表4-5可看出,在2016年1月23日前后出现5天-19℃以下低温,其中1月23日最低气温达到-22℃,但历史极端低温为-28℃。从4月中旬的萌芽情况看,富士、嘎啦、乔纳金生长、开花正常,无抽条现象发生。我们2017年在新疆调查,栽植的乔砧、自根砧、中间砧3种栽培模式,发现自根砧与乔砧幼树生长量接近,中间砧生长最差。我们长期以来最担心的是怕自根砧抗旱性差,幼树生长太弱,经过大量调查,终于有了答案,自根砧为脱毒苗木,虽然根系较浅,但须根极多,在同等管理条件下,抗旱性比中间砧强。在能栽培中间砧地区,完全可以栽培自根砧。

### 6.辽宁沈阳新民市

海升辽宁基地位于沈阳市下辖新民市,距离沈阳60km。于2015年6月定植自根砧M9-T337富士、嘎啦、乔纳金等品种,面积66.7hm²。从表4-5可看出,在2016年1月23日前后出现12天-19℃

以下低温,其中1月24日最低气温达到-25℃,但历史极端低温为-33.1℃。从4月中旬的萌芽情况看,富士、嘎啦、乔纳金生长、开花正常,无抽条现象发生。

## 二、8县(市区)主要防冻措施

### 1.秋季控肥水,增施有机肥

所有县区自根砧苹果基地,均从8月底开始,不再滴灌和施氮肥。但黄龙基地因水源缺少,在整个生长期仅滴灌3~5次。在10月下旬到11月上旬,所有基地均每株施牛粪、羊粪等有机肥2~4kg,增强树体抗性和提高贮藏营养。

### 2.灌封冻水

在11月中下旬,所有基地利用滴灌设施,均灌了一次封冻水。但黄龙基地因水源缺少,仅少量滴灌了封冻水。

### 3.树盘铺牛粪

在吴忠基地,于封冻前给苹果树盘铺20cm厚的牛粪,春季推平作有机肥,当地果农认为对保护嫁接口,提高地温有作用。

### 4.树干涂白

使用商品或自制涂白剂对主干80~100cm以下进行了树体涂白。商品涂白剂附着力强,持续时间长,不易掉落,对主干起到了一定程度的保护作用。

### 5.基部缠棉布

北京延庆,冬季在幼树基部缠不透光棉布条,防冻害及抽条效果明显,但是未缠部分易抽干。另外,给树体喷布液体石蜡防冻效果也很好。

## 三、讨论与结论

### 1.极端最低温度

从陕西延安4县调查看出,历史极端低温-23.7℃,其中延川已达到-23.0℃,接近历史极端低温。在采用防冻措施的情况下,自根砧M9-T337富士、嘎啦、乔纳金等品种可以安全越冬。宁夏吴忠在-27℃的情况下,只要采用普通的防冻措施也能安全越冬。北京延庆虽然低温为-26.5℃,但低于-19℃低温长达半个多月,低温持续时间长,除富士外,其他品种均能安全越冬;并且延庆过去栽培乔砧富士也不能安全越冬,自根砧富士不能越冬也属于正常。新疆阿拉尔市低温在-22℃以上,辽宁新民市低温在-25℃以上,富士等品种均安全越冬,没有冻害发生。

以上分析可见,当采用常规的防冻措施条件下,认为M9-T337在-20℃以下不能越冬的指标可以改为-25℃左右比较合理。

### 2.防冻措施

比较成功的防冻措施为8月份以后控制肥水,防止秋梢旺长;秋季增施有机肥和灌封冻水;树盘铺盖牛粪。根据宁夏的经验,栽植第1年冬季,最好把长分枝剪完,用塑料袋套上过冬;第2年冬季,树干涂白,枝条喷布液体石蜡。第3年,只要树干涂白就可以过冬。冬季在幼树基部缠不透光棉布条,防冻害及抽条效果明显。

### 3.根据8县市资料对比分析内蒙古鄂旗市苹果发展自根砧前景

通过内蒙古鄂旗市气象资料分析,19年的年极端最低气温分别是2000年-28.6℃、2001年-23.4℃、2002年-30.2℃、2003年-28.6℃、2004年-25.6℃、2005年-24.6℃、2006年-22℃、2007年-21℃、2008年-30.1℃、2009年-24.4℃、2010年-25.4℃、2011年-27.6℃、2012年-26.8℃、2013年-26.5℃、2014年-27.3℃、2015年-24.9℃、2016

年-24.9℃、2017年-24.4℃、2018年-24.5℃。其中-25℃以下的年份占46%，-30℃以上有2年占10%，近10年内最低为-27.6℃，说明内蒙古鄂旗市的气候条件不适宜M9-T337自根砧的栽培，但可以栽植CL426、B9系列的抗寒砧木。

# 第三节　西藏特殊苹果产区发展矮化栽培的前景分析

随着中央保护性耕地禁止非粮化文件的实施，许多省已经开始不支持新建苹果园，其中宝鸡市文件明确规定，老龄、低效的果树挖除后，要立即改种粮食作物，对林木苗圃出苗后，也要改种粮食作物。西藏、新疆、内蒙古的非粮食用地、荒沙地通过种植果树，绿化治沙，经济效益和生态效益双丰收。可见，西藏的灵芝、昌都、山南、日喀则的部分县有国家政策支持发展苹果的土地资源。

西藏的灵芝、昌都、山南、日喀则有部分县年平均温度在7℃以上，无霜期在140d以上，冬季极端气温在-23℃以上，年降水量400mm以上，且有灌溉条件，可以栽培苹果，其中无霜期在160d以上的县可以发展晚熟品种，其他以早中熟品种为主。

## 一、西藏苹果与内地苹果主要区别

1.主要优点

西藏的苹果生长季节昼夜温差特别大，多数每天差距15℃以上，苹果内在品质极好，含糖量高，营养元素含量高，着色浓，其中红色苹果被称为黑宝石、黑钻。另外，降雨特别少，沙漠区空气干燥，病虫害极少，每年仅喷药2~3次，再加之苹果面积少，牛羊养殖产生的有机肥多，不使用化学肥料，被称为世界最高海拔的天然有机苹果，在西藏发展矮化苹果可以创造世界奇迹。

2.主要缺点及对策

沙土地，有机质含量极低，有些几乎为零，土壤缺肥、漏肥漏水现象严重；对策主要是客土移植，多施有机肥。无霜期较短、年平均温度较低，苹果的生长时间不够，导致果皮硬，含水量有些不足；对策是栽培早熟和中熟品种，选择薄皮、含水量高的品种，如福九红、九月奇迹、秦脆等品种。

## 二、西藏现有苹果园调查及分析

1.西藏苹果生产现状及气候条件

西藏栽培苹果条件最好是林芝市，灵芝现有0.35万公顷苹果，年平均温度8.7℃，土壤有机质含量高，无霜期大于180d，适合各种早、中、晚熟苹果品种栽培，现有的矮化苹果栽培生长正常，冬季无冻害（见表4-6）。第二市为昌都市，年平均温度7.6℃，无霜期46~142d，在无霜期大于120d的县发展早熟品种，大于140d的县发展中熟品种。再之为山南市，已经从2018年开始栽培矮化自根砧苹果0.33万公顷，树体生长基本正常，第2年开花，第3年每株结果20多个，但土壤有机质含量非常低，树体生长较弱。最后为日喀则市，气候条件仅适宜早熟品种（见表4-7）。

表4-6　西藏南部适宜发展苹果市现状及气候特点

| 市 | 现有苹果面积（万公顷） | 年平均温度（℃） | 年无霜期（d） | 海拔高度（m） | 年日照时数（h） | 年降水量（mm） |
|---|---|---|---|---|---|---|
| 苹果适宜区 | 230 | 7~14 | 大于160 | 3800 | 2200 | 500~800 |

续表

| 市 | 现有苹果面积（万公顷） | 年平均温度（℃） | 年无霜期（d） | 海拔高度（m） | 年日照时数（h） | 年降水量（mm） |
|---|---|---|---|---|---|---|
| 林芝 | 0.35 | 8.7 | 180 | 3100 | 2022 | 650 |
| 昌都 | 少量 | 7.6 | 46~142 | 3500 | 2100~2700 | 477 |
| 山南 | 0.33 | 6.5~8.8 | 120~202 | 3700 | 2600 | 450 |
| 日喀则 | 极少 | 6.3~7.5 | 120以上 | 3900 | 3300 | 200~430 |

从表4-7可看出，日喀则市飞机场附近20年的气象资料分析表明，年平均温度7.35℃，完全适合苹果生长，20年历史极端低温–22.3℃，对苹果矮化自根砧冻害很小。降水量平均431.12mm，但20年中有3年低于300mm，有灌溉条件可以补充。最大的问题是无霜期平均135.47d，其中19年中，最长204d，最短88d，低于120d的年份占15.79%，说明这一地区发展早熟品种成功率最高。

表4-7  日喀则20年气象资料（飞机场附近）

| 年份 | 年平均温度（℃） | 历史极端最低气温（℃） | 年降水量（mm） | 无霜期天数（d） |
|---|---|---|---|---|
| 2001 | 7.1 |  | 408.9 | 144 |
| 2002 | 6.7 |  | 417.1 | 123 |
| 2003 | 6.9 |  | 460.9 | 119 |
| 2004 | 6.9 |  | 530.1 | 126 |
| 2005 | 7.4 |  | 333.1 | 99 |
| 2006 | 7.7 |  | 342 | 131 |
| 2007 | 7.9 |  | 459.5 | 125 |
| 2008 | 7 |  | 528.9 | 204 |
| 2009 | 8 |  | 294.1 | 129 |
| 2010 | 7.9 |  | 417.2 | 148 |
| 2011 | 6.8 | 20年最低的温度–22.3 | 450.1 | 124 |
| 2012 | 7.3 |  | 290.3 | 141 |
| 2013 | 7 |  | 513.2 | 88 |

续表

| 年份 | 年平均温度（℃） | 历史极端最低气温（℃） | 年降水量（mm） | 无霜期天数（d） |
|---|---|---|---|---|
| 2014 | 7.6 | | 560.3 | 184 |
| 2014 | 7.8 | | 186.6 | 142 |
| 2013 | 8 | | 492.6 | 122 |
| 2017 | 7.6 | | 434.3 | 150 |
| 2018 | 7.2 | | 590.1 | 124 |
| 2019 | 7.3 | | 486.3 | 150 |
| 2020 | 7.4 | | 426.7 | - |
| 平均 | 7.735 | | 431.12 | 135.47 |

西藏山南市的贡嘎县年平均温度8.6℃，表4-8的5年资料为8.93℃。极端最高温度31.2℃，苹果生长不要超过35℃。极端最低温度-17℃，自根砧一般不要低于-20℃，但CL426不要低于-27℃为宜。年降水量392.1mm，表4-8的5年资料为422.08mm。年无霜期平均137d，发展早中熟最好。

表4-8 西藏贡嘎县5年主要气候资料

| 年份 | 年平均气温（℃） | 年降水量（mm） |
|---|---|---|
| 2014 | 8.94 | 432.5 |
| 2015 | 8.77 | 218.9 |
| 2016 | 8.81 | 553.3 |
| 2017 | 8.97 | 421.3 |
| 2018 | 9.16 | 484.4 |
| 平均 | 8.93 | 422.08 |

2.西藏苹果矮化高质量发展关键技术

（1）选择适宜区域

栽培苹果要求年平均温度7.5℃以上，20年内冬季极端最低气温-22℃以上，有灌水条件或年降雨量600mm以上。并且发展晚熟品种要求无霜期160d以上，发展中熟品种要求无霜期140d以上，发展早熟品种要求无霜期120d以上。

(2)发展矮化密植

西藏农村劳动力缺乏,工价特别高,发展矮化苹果是方向。土壤好的地方,或客土移植后栽树位置土壤有机质达到0.8%以上者,栽培自根砧最好,在土壤有机质0.8%以下地区或灌水条件差的地区,栽培乔砧短枝型最好,早熟、中熟品种的短枝型品种极少,但早中熟品种一般容易结果,长势较弱,可以发展非短枝型品种。晚熟品种的短枝型品种有福丽、瑞雪、瑞阳、烟富6号、神富6号、礼泉短富等。另外,通过在山南市进行苹果新品种及砧木成活率调查,蜜脆、华硕、维纳斯黄金适应性较差,栽植成活率较低。自根砧CL426的成活率最高,在95%以上;自根砧M9-T337的成活率居中,在85%左右;中间砧的成活率最差,在30%左右。

(3)改良土壤,开沟移土

西藏的土壤条件差,特别是山南市栽植苹果树几乎在沙漠区,有机质含量特别低,一定要规划行后,以行线为中心,开50cm宽、50cm深的沟,每666.7m²通过客土移植施土50m³,施有机肥5m³,混合后才能栽树。

(4)涝地起垄,旱地开沟

西藏的地形复杂,多为坡地,又蒸发量大,保墒是关键。对夏季不涝的地块,进行开沟栽树,沟深15~20cm,有利于水分收集和保墒;对下雨后出现积水的涝地块,可以起15~20cm的梯形垄,在垄上栽树。

(5)栽后苗木修剪

在栽植苗木之后,剪掉苗高的20%,进行轻定干,并把超过中央干同部位1/2的大枝留3~4cm短桩疏除,伤口涂抹封剪油进行保护。为了提高成活率,可以从1.2m处定干,并把所有分枝留3~4cm短桩全部疏除。

(6) 培养低干矮冠树形

树形选低干、矮冠纺锤形，树高不要超过3m，因为当地风大，要培养抗风力强的树形，不要选择高纺锤形，立架的水泥杆高度3.5m以下，其中地下埋1m，地上留2.5m比较适宜。

(7) 覆盖保墒

当地风大，蒸发量大，沙土地保水力差，一定要在树盘进行覆盖保墒，减少水分蒸发，最好覆盖秸秆，最差覆盖地布或地膜。

(8) 建造防风林

当地经常出现6级以上大风，对苹果生长及结果影响较大，一定要建造防风林，要求每隔100m宽栽植3行海棠类树，最好为鸡心果，株距0.5m，行距1m。

(9) 控制产量，提质量

一般自根砧苹果产量较高，每666.7$m^2$产量常常达到4~5t，在土壤条件极差的西藏，特别是山南沙漠区，产量要控制在2~2.5吨/666.7$m^2$为宜。

(10) 浇水次数要适中

果园浇水最好结合施肥进行，判断缺水的主要方法有2种，其一是给果园安装土壤张力计，读数小于10Char表示土壤湿润，读数大于50Char表示土壤干燥，要立即灌水；其二根据地下20cm处土壤墒情进行判断，用手握土壤成团，松手振动不散开，说明土壤湿度大，不需要浇水，但如果松手振动土壤散开，说明水分不足，要立即浇水。关于浇水次数及数量，要根据年降雨量确定。林芝市年降雨量650mm，年滴灌15次左右，每次需水3$m^3$，666.7$m^2$年需要45$m^3$；昌都市、山南市及日喀则市年降雨量在420~477mm，年滴灌30次左右，每次需水5$m^3$，666.7$m^2$年需要150$m^3$。在滴灌的同时，分别加入肥料，主要是氨基酸、黄腐酸、硝酸铵钙、益恩木菌剂等交替使用，每次每666.7m$^2$需肥3~5kg。

## 第四节　10年自根砧栽植情况总结

### 一、全国栽植自根砧情况

1. 陕西26县

陕西有子洲、安塞、富县、洛川、宜川、延川、黄龙、蒲城、合阳、富平、韩城、澄城、长武、彬县、旬邑、淳化、乾县、礼泉、永寿、铜川新区、千阳、陇县、扶风、岐山、凤翔、凤县共26个县。

2. 甘肃10县

甘肃有灵台、崇信、泾川、静宁、宁县、镇原、正宁、麦积区、礼县等10多个县。

3. 新疆及西藏

在新疆的阿克苏、喀什、伊利等市开始发展矮化自根砧苹果。西藏的林芝、昌都、山南等市也开始发展矮化苹果。

4. 其他省市发展情况

宁夏的吴忠、彭阳、原州区3县；山东蓬莱、福山、栖霞、冠县、莱州等10多个县；河北5~6个县；北京昌平、延庆等县；辽宁大连市、新民等县；云南的昭通、丽江的宁蒗及贵州的毕节有4~5个县；四川的盐源、越西2县。

全国有60多个县，占120个苹果基地县的50%以上。

## 二、10年试验调查结论

1. 自根砧的长势

过去认为自根砧树体小,需肥水量大,现在认为自根砧在栽植后1~2年内长势与乔化相当,比中间砧明显长势旺,树冠形成快。

2. 自根砧的寿命

过去认为自根砧寿命短,荷兰专家在西安介绍,寿命40年左右,比中间砧寿命长,我们见到25年生自根砧,估计再结果10年没问题。

3. 自根砧的抗旱性

过去认为自根砧必须有灌溉条件,现在认为,在降水量600mm以上地区,栽培自根砧只要用黑色地布覆盖进行保墒,不浇水也行。但要达到高产,最好有灌溉条件。

4. 自根砧的抗寒性

过去认为自根砧在-20℃就有冻害,现在调查可抗-25℃。对B9系列、CL426可以抗到-28℃左右。

5. 自根砧与中间砧抗性比较

过去认为自根砧不抗旱、不抗盐碱,现在发现在适宜地区,自根砧比中间砧抗旱、抗盐碱。因为我们调查自根砧根系地表分布多,但也分布较深,主要是须根多,主根少,虽然抗倒伏性差,但在适宜地区,比中间砧抗干旱、抗盐碱。

6. 自根砧大小年

过去认为自根砧富士无大小年,现在认为比较严重,5年生以后$666.7m^2$产量不要超过4500kg,则大小年就不明显。

## 第五节　苹果新品种介绍

### 一、早熟品种

**1. 华硕**

中国农业科学院郑州果树研究所用美国8号与华冠杂交育成，在千阳县栽培，该品种成熟期比美国8号晚，比嘎啦早，在7月下旬至8月上旬。单果重240g，果实大小与富士相当，果形比富士高桩。常温下可贮藏1个月。该品种成熟期在高温季节，果实容易褐变，货架期较短。

萌芽力及成枝力较差，枝条角度小，但较容易形成花芽。且适应性广，从云南、四川、贵州到黄土高原、渤海湾、黄河故道地区均有栽培。但不抗霉心病，在栽培种，尤其在开花前后，应重点做好霉心病的防治。

**2. 巴克艾**

该品种是美国从帝国嘎啦中选育的芽变品种，成熟期与皇家嘎啦相同。该品种由陕西华圣果业公司从国外引进，在千阳栽培。

该品种与皇家嘎啦相比较，最大特点是果实着色鲜艳，不需要套袋也着色很好，平均单果重180g，着色深红色或条红，丰产性强。

果形端正，果实大小一致，商品率高，贮藏性比皇家嘎啦好，销售货架期长，果实硬度比皇家嘎啦高15%。

**3. 米奇嘎啦**

由新西兰从嘎啦中选育而成，陕西海升果业公司2012年从荷兰直接引进千阳，2015年果实作为"9·3"阅兵礼品果。

果形端正，色泽红艳，可以不进行果实套袋也着色很好。果实比皇家嘎啦耐贮藏，果实硬度高。

4.红思妮可嘎啦

红思妮可嘎啦是在意大利南蒂罗尔发现的思妮可嘎啦芽变品种，海升集团于2017年将其引进国内，分别在甘肃庆阳、陕西千阳、扶风等地进行种植。

红思妮可嘎啦为全红的早熟品种，即使在完全遮阴下也几乎100%着红色，树势中庸，不易感病虫害，早产、高产且稳产，对大小年不敏感，果实较难疏除，花期在4月中旬，可与之相互授粉的苹果品种为富士、金冠、澳洲青苹、红蛇等。果实上色非常早且着色完全，可以一次性完成采摘，在陕西关中地区7月初已着全红色，关中地区8月中旬成熟，成熟时果实呈浓红色，果个中等，果形指数较高，风味甜美、质地松脆且多汁，贮藏性和其他嘎啦一样良好。

红思妮可嘎啦由于上色早且果实全面着色，因此特别适宜在其他嘎啦品种果实上色困难、果实着色差的低海拔地区、不利于普通嘎啦上色的地区种植。

## 二、中熟及中晚熟品种

1.爵士

爵士苹果，英文名称Jazz。新西兰皇家园艺研究所用嘎啦与勃瑞本杂交育成，为俱乐部保护品种。树势稳健，树姿较开张，干性中强，易成花，连续结果能力强，丰产，树体长势比爱妃旺盛，产量比爱妃高。果实大小中等，一般横径在65～75mm之间，单果重140～200g。近圆形，高桩，形状端正。果面着片红色。果肉致密，硬度大，酸甜适口，品质极佳，香味浓。在千阳县9月下旬成熟，果点小，果锈少，进行无袋栽培效果好。目前法国新建果园，栽培面积第一是爵士，第二是粉红女士，第三是澳洲青苹。新西兰爵士面积已占苹果面积的15%以上。从新西兰进口的爵士苹果，在国内高端超市售价高。

2. 爱妃（英伟）

爱妃苹果，英语名称为envy，新西兰皇家园艺研究所用勃瑞本与嘎啦杂交育成，为俱乐部保护品种。树势稳健，树姿较开张，干性中强，易成花，连续结果能力强，丰产。果实大小中等，一般果径在65~75mm之间，单果重130~200g。扁圆形，果形指数与富士相当，形状端正。果面着条纹红色，着色度与长富2号接近。果肉致密，硬度大，脆酸甜适口，品质极佳，香味浓，贮藏在春节以后风味更佳。在千阳县10月上旬成熟，果点小，果锈少，可以无袋栽培。在云南丽江的宁蒗县正在建立$53hm^2$的爱妃果园。从新西兰进口的爱妃苹果，在国内高端超市售价高。

3. 鸡心果

鸡心果是长春市四平镇果农从内蒙古引进，并选育成的品种。在千阳县8月中旬成熟，单果重60~70g，颜色全红，酸甜适度，香味浓。常温下贮藏1个月，冷库贮藏2个月。品种抗性强，除腐烂病外，其他病虫害很少。管理中疏花疏果简单，不进行果实套袋。枝条硬，拉枝折不断，拉枝也比较简单。因树冠大，生长旺盛，矮化栽培效果更好。花期长，开花也较早，是理想的授粉树。

4. 秦脆

西北农林科技大学从蜜脆与富士的杂交后代中选育而成，2017年通过陕西省果树品种审定。成熟期在千阳县为9月中下旬。果实圆柱形，单果重260~400g。果实红色，有香味，质地特别细、脆，汁液丰富，酸甜可口。与蜜脆相比，果实大小及颜色与蜜脆接近，但果柄比蜜脆长，没有采前落果现象，长势比蜜脆强。常温下贮藏3个月，发生苦痘病情况与蜜脆接近。

树势较旺，枝条角度大，可以不进行拉枝。成花容易，连续结果能力强。萌芽率高，成枝力中等。栽植1年生自根砧单干苗，第2年每株结果1~4个，嫁接树第2年每株结果10个以上。

5.福九红

2010年，青岛农业大学园艺学院以新世界与粉红女士为亲本杂交育成福九红，该品种为鲜食中熟苹果新品种。2019年获得山东省林木良种审定，2020年获得国家植物新品种权和国家非主要农作物品种登记。单果重231.8g，果实近圆柱形且特别高桩，果形指数0.98，果面光洁，不套袋栽培果面着鲜红色；果实甜酸，风味好，果肉硬度8.9kg/cm$^2$；果实发育期140d左右，易成花，丰产性好，挂果期长，不落果，叶片高抗叶枯病和早期落叶病。福九红已在山东莱州、龙口等地进行试验，根据试验结果显示，该品种嫁接在矮化砧木上第2年就开始结果，第3年可达到1500kg/666.7m$^2$。果实成熟时逢中秋和国庆佳节，是具有发展潜力的优良中熟品种。最大特点是果形高桩，双节前上市，颜色鲜艳。2021年4月5日青岛农业大学园艺学院把陕西、河南的该品种苗木生产权出售给淳化天地生态农业科技有限公司。

6.蜜脆

蜜脆苹果的育种始于1960年，是美国明尼苏达大学园艺系研究开发的高品质耐寒栽培苹果品种。以MACOUN品种为母本，HONEYGOLD为父本进行杂交、人工授粉。1989年春，正式命名为"蜜脆"，获得了专利。西北农林科技大学从美国引进，获陕西省果树新品种审定。

蜜脆树体生长较弱，枝条开张，可以不进行人工拉枝，结果早，丰产性强，有大小年结果现象，采前落果较重，在高海拔及寒冷地区表现好。果个特别大，单果重300~500g，果面底色为黄色，表面呈红色。果肉汁多，味香，带瓜甜，微酸，最主要的特点是果肉质地极脆，又不硬。但树势弱，采前落果特别严重，西藏地区风大，该品种采前落果严重不宜栽培。在千阳县成熟期为8月中旬。

7.玖月奇迹

该品种是美国从红富士品种中选育的早熟芽变品种，比普通富士早熟1个月时间，在国庆前9月中旬采收，市场销路快。该品种由陕西华圣果业公司从国外引进，在千阳栽培。

该品种与泓田富士、玉华早富、红将军相比较，最大特点是果实条红加片红，果径在75~85mm，果形端正，果面底色白细，面色鲜艳。果实大小一致，商品率高，贮藏性好，丰产性强。

8.魔笛

意大利选育而成，由陕西华圣果业公司从国外引进的专利品种在千阳县栽培。树体管理方便，抗病性强。果实9月中旬成熟，果实长圆锥形，非常高桩。着色容易，果面浓红，可以无袋栽培。果肉脆甜多汁，口感上等。果实不易发绵，贮藏性好，常温下可以贮藏3个多月。

枝条角度较开张，容易形成花芽，丰产性强。但成熟后若不及时采收，有轻微的落果现象。

## 三、晚熟品种

1.福丽

福丽苹果由青岛农业大学于1995年采用亲本特拉蒙（Telamon）与富士（Fuji）进行人工杂交授粉育成。通过了山东省农作物品种审定，进行了国家非主要农作物品种登记证书。2017年3月11日，青岛农业大学将福丽品种使用权以人民币156万元的价格转让给农法自然（上海）农业科技有限公司。2021年4月6日农法自然把陕西、河南的苗木生产权转让给淳化天地生态农业科技有限公司。该品种最大特点是成熟期与红富士同期，含糖量比红富士高2~3个百分点，着色优于红富士，属短枝型，容易成花结果，是目前国内有望替代富士的晚熟品种。

2.瑞雪

西北农林科技大学培育的新品种。黄色、晚熟品种，由秦富1号与粉红女士作亲本杂交选育。果形端正，果面光洁，风味浓郁，具独特香气，品质佳，耐贮藏，具短枝特性，早果、丰产性强，综合性状优于传统黄色品种金冠和王林，为我国优质晚熟黄色品种的换代品种。2019年通过国家林业局品种审定。

该品种最大特点是成熟期与富士接近，可以晚于富士采收，果点小。肉质特别细、脆，有香味。耐贮藏，且丰产性强，有短枝型的特性。果实大小与富士接近，单果重220~250g。

3.瑞阳

西北农林科技大学以秦冠为母本、长富2号为父本进行杂交育种，选出表现优良的新品系，2015年1月27日通过陕西省品种审定委员会审定。2019年通过国家林业局品种审定。果实在千阳县表现为圆锥形或短圆锥形，平均单果重282.3g，果形指数0.84。底色黄绿，着全面鲜红色，果面平滑，有光泽，果点小。果实耐贮藏，在常温条件下可贮藏5个月。

4.烟富8号

是山东烟台现代果业研究院从烟富3号中选育的芽变品种，通过山东省农作物品种审定，并获得国家品种知识产权保护。

该品种引进千阳栽培后，果实成熟期、大小、风味、结果及生长特性基本与长枝富士一致。主要特点是除袋后4~5d就完全上色，比普通富士上色提早10d左右，并且不用反光膜，内膛也着色很好，艳色老化慢，果点小，商品率高，果实含糖量也高。

## 第四章 果园建立及综合管理

### 5.烟富6号

烟台果树研究所从惠民短富中选出的芽变短枝型新品种,通过山东省农作物品种审定。果个大,一般单果重250~280g,果形端正。果实大小一致,着色浓红。

该品种为短枝型品种,树冠小,短枝多,树体生长慢,结果早、丰产性强。适应性强,在富士适宜区进行栽培。该品种嫁接在自根砧上,没有大小年,不用拉枝,树高在3m以下,管理非常方便。

### 6.凯库8号(K8富士)

该品种是意大利从长富2号品种中选育的芽变品种,成熟期与普通富士相同。该品种由陕西华圣果业公司和陕西海升果业公司、千阳县大地丰泰农业公司等从国外引进,在千阳栽培。

该品种与长富2号相比较,最大特点是果实条红鲜艳,着色好,果形端正。果实大小一致,商品率高,贮藏性好,丰产性强。另外,与长富2号相比,含糖量高,品质好。

### 7.阿珍富士

阿珍富士,又叫阿兹特克富士。是新西兰从富士芽变选育的浓红型品种,陕西海升果业、陕西华圣果业、淳化天地果业、淳化红果集团直接从荷兰、法国等引进。

该品种长势与富士一致,结果比富士容易,管理方便。成熟期与富士相同,最大特点是果实初上色为条红,以后为片红,着色快,颜色浓。在高海拔地区容易上色,可以无袋栽培。并且果实端正,商品率高。

### 8.福布拉斯

意大利从凯库8号富士芽变育成,陕西海升果业、陕西华圣果业、淳化天地果业、淳化红果集团直接从荷兰、法国等引进。

该品种长势与富士一致,结果比富士容易,管理方便。成熟期与富士相同，最大特点是果实为片红，着色快，颜色浓。在高海拔地区容易上色，正在示范无袋栽培。并且果实端正，商品率高。

9.维纳斯黄金

日本从金冠（黄元帅）的自然杂交种子播种选育的品种。果面黄色，果实与金冠相似，长圆形。无酸味，有特殊的芳香味。山东及淳化天地果业从日本引进。

该品种成枝力和和萌芽力均强，管理方便，容易成花。成熟期与富士相同，贮藏性与富士接近。该品种果锈严重，果点较大，必须进行套袋栽培。

10.瑞香红

瑞香红是西北农林科技大学新选育的优质晚熟红色苹果新品种，亲本品种为秦富1号和粉红女士，2002年杂交，2019年育成，2020年1月通过陕西省林木品种审定委员会审定。果形圆柱形、果形端正、高桩，果形指数1.08，果个中大，平均单果重240g。果实属红色，易着色，果面光洁，果点小，外观品质好。果肉乳白色，肉质脆、风味香甜，可溶性固形物含量高。成熟晚，采收期10月下旬，较富士晚1~2周。该品种苗木销售权被千阳的木美土里公司买断。

## 第六节　建园技术

### 一、园地选择与规划

1.果园环境

果园土壤环境质量符合GB 15618的规定，灌溉水水质符合GB 5084的规定，环境空气质量符合GB 3095的规定。

## 2.园地选择

气候条件：年平均气温8~14℃，年极端低温-25℃以上，年降雨量350~800mm（低于600mm有灌溉条件）。

土壤条件：土壤肥沃，有机质含量在0.8%以上。土层深厚，地下水位在1m以下。土壤pH值6.1~8.9。

地形地势：坡度低于15°。坡度在6°~15°的山区、丘陵，选择背风向阳的南坡，并修筑水平梯田。

## 3.园地规划

平地、滩地和6°以下的缓坡地，栽植行南北向。6°~15°的坡地，栽植行沿等高线。配备排灌设施和建筑物。有风害地区，应营造防风林。

# 二、品种和砧木选择

品种和砧木的选择应以区域化和良种化为基础，遵照苹果区划，结合当地自然条件，选择优良品种和适宜砧木。实行适地适栽，不同区域自根砧选择见表4-9。按苹果自根砧苗木标准选用合格苗木。核实品种，剔除不合格苗木，修剪根系，分级栽植。

表4-9  不同区域苹果矮化自根砧选择方案

| 栽培区域 | 肥水条件 | 自根砧选择 |
|---|---|---|
| 宁夏、西藏南部、山西北部、新疆喀什及伊利等富士已抽条地区 | 年均降雨量400mm以上；年极端低温-25℃以上（近20年气象资料）；有简易滴灌等灌水条件 | 砧木为CL426、B9、B118、N29、SH、GM256等抗冻性强的自根砧。品种为寒富、秦脆、嘎啦系、福九红、黄元帅等抗冻性强的品种。（在宁夏吴忠和北京延庆，M9-T337和富士组合抽条较重，但与嘎啦、黄元帅、乔纳金组合没有抽条，表现很好。在pH8以上的西北地区SH和GM256砧木叶片易黄化，发展要慎重） |

续表

| 栽培区域 | 肥水条件 | 自根砧选择 |
|---|---|---|
| 陕西、甘肃、山东、河南、山西中南部、河北中南部及云贵川高原的昭通、盐源、毕节等区域 | 年均降雨量500mm以上；年极端低温-23℃以上（近20年气象资料）；有简易滴灌或保墒措施 | 砧木以M9、M9-T337、CL426、M26等自根砧为主。品种根据当地需要发展适宜品种。早熟以巴克艾、米奇啦嘎啦、华硕等为主。中熟以福九红、玉华早富、秦脆、玖月奇迹、中秋王、蜜脆等为主。晚熟以福丽、福布拉斯、阿珍、富吉酷、烟富8号、烟富10号、响富、神富6号、瑞雪、瑞阳、维拉斯黄金、瑞香红等为主 |

## 三、栽植技术

### 1.苗木栽植前的准备工作

矮化苗木贮藏要求：温度0~1℃，湿度95%以上。

苗木栽植前应完成苗木栽植地块的土地平整、土壤改良、定点、放线工作，确保苗木栽植时严格按照规划图进行栽植。果园灌溉水应符合国家农田灌溉水质标准GB5084-92的规定，在苗木栽植前确保灌溉水资源充足，灌溉设备到位。

在苗木栽植前3~5d挖圆柱形栽植穴，直径为30~40cm，深度为30cm。土质较差地区，秋季结合土壤改良可挖大坑，回填有机肥等，浇透水。春季再挖小坑定植苗木。如西藏沙漠区，要进行客土移植，多施有机肥。

浸苗坑的大小设计为1.5m宽、0.5m深，长度可依据苗木数量确定。一般10m长的坑可存苗5000株。坑底铺塑料膜防水，上部支搭遮阳网防止苗木被晒干。

### 2.苗木栽植技术

大多数专用授粉树品种都能为苹果品种授粉，部分品种会有授粉品种范围，在选择前确定授粉树的授粉范围，常见授粉树授粉范围见表4-10。一般10~12株主栽品种，搭配1株专用授粉品种，通常将专用授粉树定植在水泥杆旁边，不占用栽植树位置。

表4-10 专用授粉树和授粉品种及主栽品种

| 主栽品种 | 苹果授粉品种 | 专用授粉树品种 |
| --- | --- | --- |
| 富士系 | 元帅系、津轻系、嘎拉系、福九红 | 教授海棠、珠峰海棠、北美海棠（雪球、红绣球）、鸡心果 |
| 短枝富士 | 首红、新红星、金矮生 | |
| 元帅系 | 富士、金矮生、嘎拉、福丽 | |
| 华硕 | 元帅系、富士系、金冠、福九红、福丽 | |
| 嘎拉系 | 富士系、元帅系、福丽、福九红 | |
| 蜜脆、秦脆、瑞雪、维拉斯黄金 | 嘎拉系、元帅系、富士系、福九红、福丽 | |
| 澳洲青苹 | 津轻、嘎拉系、元帅系、金冠系 | |

在无专用授粉树或者专用授粉树量不足的情况下，考虑品种间相互授粉的种植模式。大多数苹果品种可以配置1种或2种授粉树，少数品种，如乔纳金、陆奥等三倍体品种，自身不能产生花粉，必须配置2种不同品种作授粉品种。主栽品种与授粉品种栽植按照4∶1配置。

时间为早春土壤解冻后20cm深土层温度稳定在10℃以上时进行栽植。不同地区开花期不同，不同年份开花期不同，一般在苹果树的开花期栽植自根砧苗最好。宁夏、庆阳、平凉及山西北部，河北，山东、辽宁、西藏等苹果花期在4月下旬，这些地区的栽植时间为4月下旬到5月中旬。

栽前须将苗木根部置于清水中浸泡至少24~48h，促进苗木充分吸水，补充长途运输或贮藏期间苗木丧失的水分，保证苗木成活率。

建园的株行距为1~1.2m×3.5~4m，每666.7m²栽植138~190株。其中富士等长势旺的品种株距1.2m，嘎拉等长势弱的品种株距1m。在降水量600mm以上或水源方便地区，栽植可密，每666.7m²栽植190

株（1m×3.5m）；在降雨量600mm以下地区，栽植要稀，每666.7m²栽植138株（1.2m×4m）。在降雨量600mm以下地区，如果利用自然降水，要求1个苹果树需要5m²的地面降水面积。另外，自然降水缺1mm，需要补水0.6m³，并进行保墒栽培。如果降水量在550mm地区，每666.7m²需要补水30m³。栽植深度为砧木与品种嫁接口露出地面约10cm。其嫁接口离地面高度因品种不同而异（见表4-11）。水地一般树长势旺，砧木露地面距离要大；旱地一般树长势弱，砧木露地面距离要小。短枝型砧木露出地面3~5cm。

表4-11 不同生长势品种与自根砧砧木嫁接口到地面距离

| 品种生长势 | 主要品种 | 嫁接口到地面距离（cm） |
| --- | --- | --- |
| 长势强 | 富士、玉华早富、福九红等 | 8~10 |
| 长势中庸 | 金冠、澳洲青苹、嘎拉、乔纳金、粉红女士等 | 5~8 |
| 长势弱 | 新红星、短枝富士、艾达红、蜜脆、福丽等 | 3~5 |

栽植时将苗木放于坑内，使根系均匀分布，扶直苗木，株行对齐。在根系周围回填细土至全部根系后提苗，以舒展根系，并踩实土，再回填细土到地面。

栽后4h内浇透定植水（12~15L/株），以后当田间土壤持水量小于60%时，应及时灌溉。

整行平整树盘，选用70~80cm宽幅的黑色地布沿树行两侧通行覆盖，中间留出10cm空带（也可以不留空带，但在每株树下堆土，防止苗木紧贴地布），地布两边各入土5~10cm压实，在株间每隔5m处再用细土压一条15cm宽的土带，预防大风将地布吹起。注意用土压好两边和中间接缝处。

栽植带分枝的大苗，一般不进行修剪，但对分枝粗度超过同部位中央干粗度2/3的大枝或角度在30°以内枝条留2cm短桩疏除,对剪口涂封剪油等药剂进行保护。如果栽后干旱,风大,地温较低或萌芽率较低的地区(西藏),为了提高成活率和萌芽率,可以疏除所有分枝,并定干促进成活和提高萌芽率。

按照苗木株数配备粗度2cm、长度4m端直、实心竹竿,其中3.5m处粗度不小于1cm,竹竿粗端和水泥柱上端齐高,竹竿细端向下,低于下端第一道钢丝,每道钢丝处用扎丝将竹竿固定。用1cm宽幅绳带将苗干与竹竿绑扎固定,使苗干端直。对春季干旱,萌芽率低的地区,不背主干,提高萌芽率。

## 四、小坑定植根系调查与分析

与过去的大坑定植(大坑指挖长、宽、深各80cm的方坑)完全不同,大坑与小坑定植比较,大坑定植的红富士第3年每株挂6个果实,小坑定植达到60~70个果实。再通过离主干80cm挖80cm深、60cm宽、100cm长的槽,去20cm×20cm×100cm的土块(见表4-12),调查0~80cm土层根系分布,发现0~20cm小坑定植根系鲜重是大坑的19.5倍。因为自根砧根系主要分布在地表层,表层根系多,分泌的细胞分裂素多,极有利于早结果。大坑定植,根系分布深,深层土壤通气性差、营养少,根系生长量少,分泌的细胞分裂素少,不利于花芽形成。

表4-12 大小坑栽植 20cm×20cm×100cm的土块根系分布(2015年)

| 土层深度(cm) | 大坑鲜根重(g) | 小坑鲜根重(g) |
| --- | --- | --- |
| 0~20 | 0.48 | 9.35 |
| 20~40 | 3.84 | 2.03 |
| 40~60 | 3.57 | 3.14 |
| 60~80 | 0.72 | 0.41 |
| 合计 | 8.61 | 14.93 |

## 五、篱架栽培

国外苹果每666.7m²产量7~8t，并且台风较多，架材非常重要。自根砧矮化苹果树必须设立支架，短枝型矮化苹果树，在风大地区也要设立支架，风小地区可以不设立支架。

在行间每隔9~12m栽植一根4m长的水泥桩，其中地下埋0.8m，地上露3.2m；分别在地上0.3m、1.3m、2.4m和3.1m处各拉1道直径2.2~2.4mm的镀锌钢丝（镀锌重量≥60g/m²）。水泥柱规格为10cm×10cm×400cm，内置4-6根直径为4mm的带粗面冷拔丝，选用Po42.5标号水泥，混凝土强度不低于C30，石头用粒石或破碎石，直径0.5~1.5cm。承载力Qd≥28.62，抗裂rci＞1.255。地头需安装地锚，固定拉直钢丝。地锚规格为厚度25cm×宽度30cm×长度60cm（内置钢筋网片1个），热镀锌防锈抱箍1个，热镀锌防锈拉杆1~2个组成，地下埋深度为1m。地锚与水泥柱用1.6mm×7根的钢绞线连接，地头水泥桩向外斜15°。地锚与边杆的距离为2m。

在出现6级以上大风地区或风口处，每隔5~8m栽植一根4m长的水泥桩，并每隔4个4m长的水泥桩，加1个4.8m的长桩，便于在长桩的顶端跨行拉钢丝，固定支架系统。设计支架与建造防雹网相结合，效果更好。

有条件果园安装一套高效先进的果园滴灌系统。采用Sentinel中央控制系统，根据果园气象站采集的气象数据分析参考苹果树的蒸散量ET值，中控电脑计算出不同区域的需水量，向田间控制器发出3G网络信号或无线指令，自动调整不同电磁阀的开关时间，从而达到按需供水的目的。每33.3hm²安装一台中央控制系统，滴灌系统材料采用进口设备，666.7m²成本3000元以上，采用国产材料成本可降低一半以上。

通过调查比较了果园钢管、水泥桩、木头桩3种架材成本，其中3种成本价每666.7m²分别为2600元、2160元和920元（见表4-13）。

表4-13  苹果立架栽培各种模式每666.7m²投资费用表

| 立架类型 | 材料费用 | | | | |
|---|---|---|---|---|---|
| | 名称 | 规格 | 数量（个） | 单价（元） | 金额（元） |
| 钢管立架 | 镀锌管立柱 | 直径2.5寸、高4m | 20 | 90 | 1800 |
| | 工费 | | 10 | 80 | 800 |
| | 小计 | | | | 2600 |
| 水泥立架 | 水泥杆立柱 | 10cm×10cm×4m | 20 | 60 | 1200 |
| | 工费 | | 12 | 80 | 960 |
| | 小计 | | | | 2160 |
| 松木橡立架 | 松木橡立柱 | 小头直径7cm、高4m | 20 | 22 | 440 |
| | 工费 | | 6 | 80 | 480 |
| | 小计 | | | | 920 |

注：株行距1.2m×4m。

选择长势旺的品种（如红富士、乔纳金）或栽培肥水条件好的地区，树体生长较旺，建议选择圆柱形。整体树形呈圆柱形状态，成形后树冠冠幅小而细高，其中树冠上下部平均冠幅2 m，树高3.5~4.0m，主干高0.8~0.9 m；中央领导干上着生30~50个螺旋排列的小主枝，结果枝直接着生在小主枝上（结果枝上分布长、中、短枝），小主枝平均长度为1m，与中央干的平均夹角为115°，同侧小主枝上下间距为0.25m。成形后圆柱形的苹果树在秋季的留枝量每株为1000~1200条，长、中、短枝比例1∶1∶8。

## 六、建园机械配置及成本核算与效益分析

1.目的及意义

随着农村劳动力减少及老龄化的到来，劳动密集型的苹果产业将出现严重的劳动力不足及人工成本不断升高的问题，面对苹果市

的低迷、自然灾害发生的概率增加，苹果园收入却不断降低，企业及果农新建苹果园的积极性越来越低。通过近期在陕西、甘肃、山西、宁夏、四川、山西等地调查，凡是建园面积在33.33hm²以上的公司，因大型机械及建筑设施、管理人员的投资大，以及找不到农民工而多数没有效益，有些还不起贷款及借款，个别企业已经破产。面积在0.66hm²以下的小农户苹果园，因农户年龄偏大及用工紧张，购买机械投资大且利用率很低，并且因面积小客商收购成本大，苹果销售困难问题比较严重，有些农户效益很差，个别农户也开始挖树毁园。目前大公司及果农新建苹果园的积极性比过去明显下降，在20年内我国苹果年新栽苹果面积平均在13.33万公顷左右，近一两下降到6.66万公顷左右。针对这种实际情况，通过与国外发达国家比较，美国及欧洲国家，一般公司或大户果园面积均在33.33hm²以上，全部实现机械化作业，栽培苹果自根砧，达到早果、丰产、便于机械化作业，一般每公顷用工120个以下，栽培苹果效益显著。亚洲的日本、韩国苹果多为小户栽植，面积一般为2~6.67hm²，采用小型机械管理，节约劳动力。我国农村人均耕地面积少，农户苹果园面积大多在0.53hm²以下，购买果园机械的利用率较低。只有农户将土地集中连片或建立家庭农场，购买小型农业机械，栽培便于机械化管理的矮砧苹果园，减少果园用工，提高劳动效率，这将是适合我国国情的苹果产业栽植苹果园的主要方向，估计在今后几十年内大户栽培及公司栽培苹果的方式并存，互相促进，推动苹果产业转型升级。

2.投资预算

经过投资测算，建立6.67hm²苹果园总投资为68.2万元，平均每666.7m²投资6820元（见表4-14）。品种选择方面，一个果园2~3个品种，结合当地气候情况及海拔高度选择适宜品种。针对黄土高原苹果产区，在低海拔地区（海拔800m以下），建议早中熟占60%、晚熟占40%，推荐早熟品种为华硕、嘎啦优系（红施尼克、巴克艾）、鲁丽；中熟品种为秦脆、玖月奇迹、魔笛、鸡心果等；晚熟品种为阿珍富士、福布拉斯、瑞雪、瑞香红等。在高海拔地区（海拔800m以上），建议早中熟占30%，晚熟占70%，推荐早熟品种为华硕、嘎啦优系（巴克艾、红施尼克）；中熟品种为秦脆、蜜脆、玖月奇迹、魔笛、鸡心果等；晚熟品种为烟富8号、烟富10号、瑞雪、阿珍富士、福布拉斯、维拉斯黄金等。

表4-14　百亩建园投资预算

| 项目 | 总投资（万元） | 666.7m²投资（元） | 说明 |
| --- | --- | --- | --- |
| 蓄水池 | 5 | 500 | 建100m³的简易水池 |
| 节水灌溉 | 10 | 1000 | 采用肥水一体化的滴灌系统 |
| 格架系统 | 14.2 | 1420 | 每666.7m²栽植19个4m长的水泥桩或钢管，4道钢丝 |
| 自走式弥雾机 | 0.6 | 60 | 1台，装200kg水，每天喷布3.33hm²，仅需要1人 |
| 运输平台车 | 0.3 | 30 | 1台，运输肥料、果实等 |
| 开沟施肥机 | 2.5 | 250 | 1台，每天施0.5hm²，1人完成，并带有打草、旋耕设备。自根砧苹果园，根系较浅，也可以地面撒肥料，进行旋耕，不需要开沟施肥 |
| 自根砧苗木 | 35 | 3500 | 带5个以上分枝的自根砧苗木，1.2m株距，4m行距，每666.7m²栽植140株，平均每株25元 |
| 黑色地布 | 0.6 | 60 | 1m宽，每666.7m²需要400m |
| 合计 | 68.2 | 6820 | |

**3.扶持政策**

依据国家扶贫及乡村振兴方面的有关文件精神，政府在苗木、架材、机械等方面进行补贴，减少农民投资。千阳县提出栽植苹果

666.7m²政府提供2万元贷款,从第5年开始还款,到第10年还清,对贫困户和村集体无利息、且不还本。宁夏彭阳县提出建立苹果园666.7m²政府补助6800元。河南灵宝市提出栽植自根砧苹果园每株苗木政府补助30元,中间砧补助20元、乔砧补助10元。

**4.经济效益分析**

栽培自根砧苹果园,果园的喷药、施肥、行间除草、修剪统一进行。每年人工每666.7m²不足5个工日,每工按80元计算,合计400元(喷药每666.7m²用0.2个工、除草0.2个工、施肥1.3个工、修剪2个工、浇水1个工,其他0.3个工)。果农自己进行株间除草、疏花疏果、套袋、拉枝、采果、铺反光膜等工作,可以不计算人工成本。但每666.7m²的肥料农药1000元,果袋成本1200元,合计每666.7m²成本2600元。前5年合计10600元(第1年、第2年未计算产量,扣除2400元果袋成本)。自根砧第3年666.7m²产量至少1000kg,第4年2000kg,第5年3000kg。合计前5年累计产量6000kg,每千克按照3.6元计算,总收入2.16万元。即扣除前5年每666.7m²建园投资6820元,管理投资10600元,合计盈利4180元。从第6年开始,至少在15年内,每年平均666.7m²产量3000kg,666.7m²收入10800元,每年平均666.7m²投资3600元,纯收入7200元。如果苹果质量好,价格高,666.7m²收入一般在1万元以上。千阳县南寨镇魏小杰、吴忍耐、李文军及城关镇陈千军、曹碧镇蒲维科等2015年栽培自根砧苹果园各4~6.67hm²,并购置了弥雾机、割草机、运输平台,安装了滴灌肥水一体化系统,2019~2020年666.7m²效益1.5万元以上。

**5.讨论**

以建立百亩苹果园进行预算及效益分析,实际应用中农户要根据自己的资金情况、劳动力状况灵活确定面积,建议至少2hm²以上,最多13.33hm²以下为最佳效益规模。果园机械根据面积大小确定，如面积在$2hm^2$左右，购买手扶拖拉机式的开沟施肥机，每台仅8000元。栽培模式在平地以自根砧为主，在山区、坡台地，且水源不便的地区，可以栽培乔砧短枝型品种。关于自根砧的抗旱性问题，我们做过调查，其抗旱性与中间砧相同，只要能栽培中间砧的地区，就能栽培自根砧。自根砧苗木一般价格较高，根据我们的经验，如果苹果价格高，为了早收益，建议买自根砧大苗，虽然苗木价格高，其结果早，也可以早收回成本。但目前苹果价格较低，如果选择高价苗木，即使第2年大量结果，收回成本也慢，建议买单干小苗，苗木价格是大苗的20%左右，仅晚结果1年，风险低。也可以购买自根砧砧木苗，自己再嫁接品种，虽然晚结果2年，但苗价是大苗的5%~10%，经济实惠，风险更低。对于大公司，栽植面积在$33.33hm^2$以上，要进行分片小组承包，统一配置机械，提高生产效率及节省劳动力，才能取得好效益。陕西海升果业公司在全国25个县建立自根砧苹果园，面积1万公顷以上，进行分片小组管理和承包经营，目前经济效益不错。

## 第七节　栽植后综合管理

### 一、定植当年的树体生长指标及管理技术

自根砧不同于乔砧及矮化中间砧，栽植后第2年就开花结果。只有加强栽植后当年的管理，促进幼树旺长，才能保证建园成功。

定植当年的树体生长指标及管理技术见表4-15、表4-16。

表4-15 花果处理及土壤管理技术

| 管理名称 | 管理技术 |
|---|---|
| 花果管理 | 通过化学药品进行疏花疏果，然后再人工定果。目前有2种应用较多的方法，在大面积推广前最好试验1年。一是疏花加疏果：在苹果中心花开完了，边花正在开放时候，喷布仅酸钙100~200倍或花生油20~30倍或智优疏花剂，在中心果直径6~7mm布一次西维因0.1%5~0.2%或喷布智优疏果剂，在直径10~12mm再喷布1次。第二种方法是在花期不喷药，当中心果直径达到0.7~1.0cm的时候，一般落花后10d左右，仅喷布1次200倍的"苹果疏果剂"，嘎啦类品种叶片喷湿为宜，富士类叶片向下滴药液为宜，每666.7m²用药液40~50kg。在5月底到6月初套袋前进行人工定果，标准为测量离地面30cm树主干半径，计算主干截面积。一般2~5年树龄，中型果的嘎啦等每平方厘米留果5个，富士等大型果留3个；5年以上树龄，中型果的嘎啦等每平方厘米留8个，富士等大型果留6个。也可以在第2年富士类留果10~15个，嘎啦类30~50个；第3年富士类留果20~30个，嘎啦类40~60个；第4年富士类留果50~80个，嘎啦类100~120个；第5年及以后，富士类留果100~120个，嘎啦类120~150个。也可以根据枝条直径留果，枝条直径0.5cm以下留果1个，0.5~1cm留1~2个果实，1~2cm留2~3个果实；2-2.5cm留果3-4个果实 |
| 肥水管理 | 有滴灌条件的果园萌芽后每隔10d左右，不降雨就进行1次滴灌，每次666.7m²灌3m³，全年15次左右（可以给果园安装土壤张力计。读数小于10Char表示土壤湿润，读数大于50Char表示土壤干燥，要立即灌水）；结合浇水进行滴灌施肥，滴灌选用水溶肥为尿素（含氮量46%）、磷酸一铵（含磷量52%，氮10%）、硫酸钾（含钾量50~55%）。1~2年生树，氮、磷、钾的比例为1∶1∶1，3年生以上的树，氮、磷、钾的比例为1∶0.5∶1.2。1年生树全年每株滴灌施肥150g，2年生300g，3年生600g，4年生800g，5年生及以后1000g。也可以按照每生产1000kg苹果，需要纯氮2.5kg、纯磷0.9kg、纯钾5.2kg计算施肥量，包括有机肥中氮磷钾含量在内。其中前期以氮为主，中期氮磷钾相同比例，8月份以后以钾为主。无水源地区，根据降雨情况，拉水浇3~4次，结合浇水进行施肥。为了节约成本，秋季有机肥进行隔年施入。1~2年生幼树每株羊粪等5~10kg（生物有机肥数量减半），再加复混肥0.5kg；3年生以上大量结果树10~20kg（生物有机肥数量减半），再加复混肥1kg。栽植后1~2年滴灌次数较多，以后每年根据降雨情况可以降到5~8次。也可以滴灌水溶性有机肥料，如黄腐酸、腐殖酸等。 |
| 除草 | 行间草长到40~50cm时进行割草。对于树盘，在春季4月中旬开花前喷布1次400倍二甲戊灵封闭式除草剂，可控制2个月左右不长草。6月份进行1次人工树盘除草，然后喷布1次100倍草胺灵除草剂，以后根据情况再人工除草或喷布除草剂。 |

## 第四章 果园建立及综合管理

表4-16 定植当年树体生长指标及管理技术

| 项目 | 内容及要求 |
|---|---|
| 树体高度 | 生长季结束达到2.2m以上 |
| 树头新梢 | 树头新梢长到10cm左右,把第二、第三芽发出的竞争枝抹除 |
| 枝条数量及角度 | 6月初,把长度25cm以上枝条拉到水平以下;角度小的在8月份再拉一次,达到水平以下。枝条总数达到15个以上 |
| 树干固定 | 在树干与立架的铁丝处,利用塑料条或细铁丝固定树干。要留5cm空隙,让主干增粗生长 |
| 花果处理 | 在盛花期喷布100倍含量40%以上的晶体石硫合剂进行疏花,也可以人工疏花,不让结果 |
| 施肥与浇水 | 见表4-15 |
| 除草 | 在行间离树干1.2m外种植黑麦草,草长到40~50cm时割草。见表4-15 |
| 病虫害防控 | 见附录一、附录二 |
| 冬季修剪 | 冬季修剪时,中央延长头和主干上分枝延长头不短截;对分枝超过着生部位中央干粗度2/3的大枝,留3~4cm短桩疏除;分枝角度小且不便拉大角度者也留3~4cm短桩疏除;中央干离地面70cm以内所有分枝全部疏除;花芽过多及角度过大的分枝可以进行轻回缩;修剪伤口要涂抹封剪油保护。 |
| 冬季防冻 | 对陕北、甘肃、宁夏、新疆、河北等较寒冷地区,苹果幼树(1~3年树)容易发生冻害或抽条。在秋季不要灌水及施氮肥,霜降后叶片喷布5~8%的尿素促进落叶,并在干茎部培土,冬季枝干喷布液体石蜡。 |

## 二、定植第2年的树体生长指标及管理技术

定植第2年的树体生长指标及管理技术见表4-15、表4-17。

表4-17 定植第2年树体生长指标及管理技术

| 项目 | 内容及要求 |
|---|---|
| 树体高度 | 生长季结束达到3m以上 |
| 树头新梢 | 树头新梢长到10cm左右,把第二、第三芽发出的竞争枝抹除 |
| 枝条数量及角度 | 春季把角度小的枝条拉到水平以下;枝条总数达到22个以上 |
| 树干固定 | 在树干与立架的铁丝处,利用塑料条或细铁丝固定树干。要留5cm空隙,让主干增粗生长 |
| 花果管理 | 见表4-15 |
| 施肥与浇水 | 见表4-15,按照2年生树施肥浇水 |
| 除草 | 见表4-15 |
| 病虫害防控 | 见附录一、附录二 |
| 冬季修剪 | 冬季修剪时,中央延长头和主干上分枝延长头不短截;对分枝超过着生部位中央干粗度1/2的大枝,留3~4cm短桩疏除;分枝角度小且不便拉大角度者也留3~4cm短桩疏除;花芽过多及角度过大的分枝可以进行轻回缩;修剪伤口要涂抹封剪油保护。 |

## 三、定植第3年的树体生长指标及管理技术

定植第3年的树体生长指标及管理技术见表4-18。

表4-18 定植第3年树体生长指标及管理技术

| 项目 | 内容及要求 |
|---|---|
| 树体高度 | 生长季结束达到3.5m左右 |
| 枝条数量及角度、长度 | 春季对角度小的枝条拉枝到水平以下；每666.7m²栽130~150株果园，枝条总数达到25~30个，长度不超过1m；每666.7m²栽150株以上果园，枝条总数达到20~25个，长度不超过0.8m |
| 花果管理 | 见表4-15 |
| 施肥与浇水 | 按照3年生树施肥与浇水 |
| 除草 | 见表4-15 |
| 病虫害防控 | 见附录一、附录二 |
| 冬季修剪 | 冬季修剪时，中央延长头和主干上分枝延长头不短截；对分枝超过着生部位中央干粗度1/3的大枝，留3~4cm短桩疏除；分枝角度小且不便拉大角度者也留3~4cm短桩疏除；花芽过多及角度过大的分枝可以进行轻回缩；分枝直径超过2.5cm，留3~4cm短桩进行回缩。修剪伤口要涂抹封剪油保护 |

## 四、定植第4年的树体生长指标及管理技术

定植第4年的树体生长指标及管理技术见表4-19。

表4-19 定植第4年树体生长指标及管理技术

| 项目 | 内容及要求 |
|---|---|
| 树体高度 | 生长季结束树高稳定在3.5m左右 |
| 枝条数量 | 每666.7m²栽130~150株果园，枝条总数达到25~30个，长度不超过1m；每666.7m²栽150株以上果园，枝条总数达到20~25个，长度不超过0.8m |
| 花果管理 | 见表4-15 |
| 施肥与浇水 | 按照4年生树施肥与浇水 |
| 除草 | 见表4-15 |
| 病虫害防控 | 见附录一、附录二 |
| 冬季修剪 | 冬季修剪时，中央延长头和主干上分枝延长头不短截；对分枝超过着生部位中央干粗度1/4的大枝，留3~4cm短桩疏除；花芽过多及角度过大的分枝可以进行轻回缩；分枝直径超过2.5cm，留3~4cm短桩进行回缩。修剪伤口要涂抹封剪油保护。枝条过多，可以适当疏除。 |

## 五、定植第5年及以后的树体生长指标及管理技术

定植第5年及以后的树体生长指标及管理技术见表4-20。

表4-20 定植第5年及以后的树体生长指标及管理技术

| 项目 | 内容及要求 |
|---|---|
| 树体高度 | 树头落到3m左右 |
| 枝条数量及长度 | 每666.7$m^2$栽130~150株果园，枝条总数达到25~30个，长度不超过1m；每666.7$m^2$栽150株以上果园，枝条总数达到20~25个，长度不超过0.8m |
| 花果管理 | 见表4-15。果园树势弱，肥水条件差，每666.7$m^2$产量控制在3t左右；肥水条件好，产量4~5t |
| 施肥与浇水 | 见表4-15。有机苹果生产，不要使用化肥 |
| 除草 | 见表4-15，有机苹果生产，不要使用除草剂 |
| 病虫害防控 | 见附录一、附录二。有机苹果生产不能使用化学农药，利用益恩木菌剂防控病虫害，利用农业、生物、物理技术防治病虫害 |
| 修剪 | 对分枝超过着生部位中央干粗度1/4的大枝，留3~4cm短桩疏除；花芽过多及角度过大的分枝可以进行轻回缩；分枝直径超过2.5cm，留3~4cm短桩进行回缩。每个结果的小主枝寿命4~5年必须留桩疏除，再发新枝。每年疏除2~3个大枝，并对长度超过0.8m枝条，要及时回缩或疏除；对分枝的背上枝，有花芽留，无花芽疏除，对延长头留单头。修剪伤口要涂抹封剪油保护。夏季轻度修剪，改善果园光照条件。枝条树量与产量关系密切，疏得多产量低，疏得少产量高。果园光照条件差，疏枝要多；果园光照条件好，疏枝要少。树形保持金字塔形状 |

# 第八节 疏花疏果研究与现状

## 一、国外化学疏花疏果现状

欧、美国家主要采用有机、无机化学制剂和植物生长调节剂等进行疏花疏果，常用的疏除剂有LLS（石硫合剂）、AVG、ATS、Carbaryl、6-BA（Maxcel or Cilis Plus）、NAA和NAD等；ACC和苯嗪草酮（Goltix® 70WG）作为新的疏果剂正在推广应用。机械疏

花疏果技术也已在欧、美国家进入商业化应用阶段，主要有美国的Spiked Drum Shaker和Stiring thinner，德国的Darwin String Thinner和法国的手持电动疏花机（Electrolit）。日本主要采用"化学疏花疏果+人工定果"技术模式，疏花剂主要为石硫合剂（22%工业品）100倍液，在盛花期和3~4d后各喷1次；化学疏果剂为西维因，浓度为0.12%（加0.03%展着剂），在中心果直径10~12mm时喷施；人工定果是在盛花后2周进行，盛花后30d完成，通常将化学（机械）疏花疏果和人工定果结合应用。

## 二、国内疏花疏果技术现状

疏花疏果是苹果生产的常规关键技术，已经在各重点产区得到普及应用。目前，疏花疏果基本全部采用手工作业。各地人工疏花定果方法基本相同，主要是花期疏除边花留中心花或幼果期疏边果留中心果；定果按间距法，留果间距早熟中型果为15~20cm、晚熟大型果为20~25cm。近年来，山东、辽宁等省开展了化学疏花疏果剂筛选与应用研究，初步筛选出石硫合剂、有机钙制剂、NAA、Sevin、Eco-Huang等几种花果疏除剂，正在开展中试与示范。

中国农科院厉恩茂等以8年生"寒富"苹果为试材，研究了ATS、NAA、Amidthin、6-BA和萘乙酸钠5种化学疏除剂的疏除效果及对果实品质的影响，认为Amidthin和萘乙酸钠疏除效果较好，单果花序比率均在50%以上。山东果树所薛晓敏等以天红2号和烟富3号为试材，对有机钙、6-BA、NAA、Sevin、萘乙酸钠（国产）、萘乙酸钠（日本）和Sevin粉剂（日本）进行单独喷施和组合应用试验，表明单独疏花以150倍有机钙制剂在初花期、盛花期喷2次效果好，花朵疏除率48%以上，单果比例45%以上；单独疏果以Sevin 2.0g/L和40ppm萘乙酸钠盛花后10d、20d喷2次效果较好，花朵疏除率45%

以上，单果比例44%~50%。疏花+疏果组合疏除效果最优，以150倍有机钙制剂喷2次疏花+15ppmNAA（或40ppm萘乙酸钠、2.0g/L西维因）喷1次疏果，花朵疏除率达40.0%~45.5%，单果比例40%~55%。山西农科院研发出一种用于苹果花期定果药剂配方及使用方法，有效成分有GA、6-BA等，使花期养分定向供应给中心花，边花因营养缺乏而萎焉，起到定果作用。山东果树所薛晓敏等研发出一种苹果专用疏花剂及其制备和使用方法，于花期喷施，疏除边花、保留中心花。

## 三、自根砧负载量调查

对2015年春季定植的自根砧富士和嘎啦，在2016年春季进行不同负载量处理，每株分别留果10个、20个和30个，发现负载量从10个增加到30个，对树体高度、干周和枝条类型影响不大，但对下一年单株顶花芽影响较大（见表4-21、表4-22）。初步认为单株第2年留果10个比较合适。

表4-21 T337自根砧2年生富士不同载量对树体生长及结果影响

| 单株留果数（个） | 干周（cm） | 树高（m） | 下年单株结果数（个） | 枝条数量（个） | | |
|---|---|---|---|---|---|---|
| | | | | 长枝 | 中枝 | 短枝 |
| 10 | 12.5 | 2.87 | 53 | 39.3 | 15.3 | 37.6 |
| 20 | 12.2 | 2.98 | 11 | 55 | 18.3 | 54.6 |
| 30 | 11.2 | 3.02 | 6 | 53 | 23 | 52.3 |

表4-22 T337自根砧2年生嘎啦不同载量对树体生长及结果影响

| 单株留果数（个） | 干周（cm） | 树高（m） | 下年单株结果数（个） | 枝条数量（个） | | |
|---|---|---|---|---|---|---|
| | | | | 长枝 | 中枝 | 短枝 |
| 10 | 12.0 | 3.0 | 78 | 18.3 | 11.3 | 13.6 |
| 20 | 11.5 | 2.8 | 68 | 15 | 18.3 | 14.6 |
| 30 | 12.2 | 3.2 | 63 | 37.7 | 30.4 | 41.8 |

对T337自根砧5年生富士进行不同负载量处理,根据主干横截面积分别留果数处理为4个、4.5个、5个、5.5个、6个、8个果实,留果量越少,果个越大,但留果量超过8个,每666.7$m^2$产量超过4294kg,下年顶花芽明显减少,会出现小年。对5年生自根砧T337的富士,离地面30cm处横截面积留果数为5~6个比较适宜(见表4-23)。

表4-23　T337自根砧5年生富士负载量调查

| 横截面积留果数(个) | 主干直径(mm) | 单株留果量(个) | 折合亩产(kg) | ≥80果实比例(%) | 估计下年产量 |
|---|---|---|---|---|---|
| 4 | 42.39 | 56 | 2128 | 95 | 增加 |
| 4.5 | 42.33 | 63 | 2394 | 92 | 增加 |
| 5 | 42.57 | 71 | 2698 | 89 | 增加 |
| 5.5 | 42.38 | 78 | 2964 | 85 | 增加 |
| 6 | 42.14 | 84 | 3192 | 84 | 增加 |
| 8 | 42.51 | 113 | 4294 | 76 | 下降 |

注:主干直径离地面30cm测量。

## 四、化学疏果剂试验

由于矮化苹果开花量大,化学疏花疏果特别重要,山东目前智优疏花、智优疏果已经普遍应用。但西北黄土高原及西藏、新疆、云南、四川等高原苹果产区,春季气温变化大,霜冻较多,化学疏花许多果农不敢使用,均想进行化学疏果比较保险,下面介绍化学疏果剂的应用情况。陕西省洛川县研究成功了顺顺牌疏果剂,并获得国家发明专利。该产品作者已经使用2年几乎没有风险,使用正确效果显著,使用不正确效果较差。

1.使用时间要准确

药品说明书写到,该产品在中心果直径达到1~1.2mm进行喷布,喷布时间特别重要。2020年我们试验在5月9日喷布,喷后10d调查,嘎啦、富士、魔笛对照人工疏果666.7$m^2$用工10个,嘎啦处理人工定果仅用了4个工，富士用了5个工，魔笛用了2个工，省工在50%~70%。2021年我们进了苹果开花期观察，见表4-24。富士、嘎啦、鸡心果每株观察2个枝条，包括顶花朵和腋花朵，每品种调查2株。鸡心果开花最早，在4月8日已经开花15朵，嘎啦和富士分别在4月9日和10日开花。其中鸡心果在4月11日开花最多，嘎啦和富士分别在4月4月13日及14日开花最多。先开的花为中心果的花朵，后开为边花及腋花芽的花。从中心花开放15d左右，富士的中心果直径在0.7~1cm，嘎啦也在0.7~1cm，鸡心果在0.6~0.8cm。2021年开花量特别大，为了提高疏果效果，喷布提前2~3d，在5月5日下午进行了喷布。

表4-24 不同品种花朵开花数量调查

| 日/月 | 富士（个） | 嘎啦（个） | 鸡心果（个） |
| --- | --- | --- | --- |
| 8/4 | 0 | 0 | 15 |
| 9/4 | 0 | 5 | 22 |
| 10/4 | 2 | 7 | 40 |
| 11/4 | 7 | 20 | 78 |
| 12/4 | 14 | 27 | 28 |
| 13/4 | 30 | 34 | 26 |
| 14/4 | 41 | 27 | 3 |
| 15/4 | 29 | 6 | 0 |
| 16/4 | 4 | 5 | 0 |
| 17/4 | 0 | 0 | 0 |

**2.不能与农药及肥料混合喷布**

在喷布前对果园喷布机械要清洗几遍，在单喷疏果剂的前3d及后3d，不要喷布农药及叶面肥。

**3.药剂配比及喷布**

在喷布前，先在袋外把疏果剂块状进行人工打碎，然后每包疏果剂500g，先用小桶或脸盆，分别加入500g热水及500g凉水，混合后水温在30~40℃之间,倒入疏果剂进行溶解,并用小树枝进行搅动,当水温变凉后,再加500g热水进行溶解,如果溶解不完,再加少量热水。然后加入100kg的水进行喷布。如果用30kg的人工喷雾器,加水15kg,加溶解的疏果剂225mL。

在喷布过程中,对嘎啦把叶片喷湿就行了,对富士要喷到叶片上的药液给地面下滴为宜。一般花后第1次喷药用多少药水,这次喷布疏果剂就用同等水量。喷后10d左右小果开始萎缩或脱落。

# 第五章 整形与修剪

苹果属喜光性果树，树体高大，透光性差，结果较晚，生产成本高。在苹果生产管理中，整形修剪直接影响着苹果的产量和品质。近年来，世界苹果栽培发展的趋势已由稀植走向密植，树形由大变小，光照由弱变强，产量由低变高，生产成本和劳动强度由高变低，选用和培育高光效树形是主要趋势。

## 第一节 国内外整形修剪现状与树形比较

### 一、国外整形修剪现状

近半个世纪以来，随着苹果栽植密度的加大，树形相随而变。20世纪八九十年代，北欧应用最多的树形是细长纺锤形，而南欧、北美和新西兰则广泛应用直立干形，在更高密度（333~916株/666.7m²）条件下，采用又窄又高的超纺锤形（冠径45~60 cm，树高2.5 m），但管理成本高。20世纪90年代末期，苹果生产先进国家把这3种树形进行综合改进，形成高纺锤（Tall spindle）新树形（冠径0.9~1.2 m，树高3 m，干高0.7~0.8 m）。目前，苹果高纺锤形整形技术已在意大利、美国、新西兰、日本、韩国、法国、德国、比利时、荷兰等苹果生产先进国家广泛推广应用。

据报道，在意大利南提洛尔地区，使用带15个以上分枝的2年生苗木，每666.7$m^2$栽247株，少量修剪和全部拉枝，树高为3~4 m，栽后2~5年666.7$m^2$产量分别达1133kg、2467kg、3733kg、3733 kg。在美国华盛顿州，按666.7$m^2$栽164株，砧木为M9，1年生苗木有5~8个分枝，栽植时少量短截，栽后2~5年666.7$m^2$产量分别为400kg、1467kg、2533kg、3333kg。多区域试验结果证明，高纺锤形完全可以应用并可获得早期高产。

韩国Kim、Yong-Koo Jin等（2010）报道，从1906年开始苹果树采用pergola system或者是开心形的自然修剪方式，但是1985年Y-trellis system修剪方式被引入后，便盛行于整个韩国。源自original Tatura system的Y-trellis system修剪方式通过一些改动也正使用在商业性果园中。韩国从1997年开始在M9矮化苹果树广泛应用细长纺锤形修剪和Solaxe修剪方式。然而，在2003年一些种植者改造出一种适合本土的修剪方式，根据种植者的名字将这种修剪方式命名为Kimchangho。这种修剪方式适用于以M9为砧木的一些矮化苹果树，也运用于诸如M26和MM106生长旺盛的砧木上。

法国Lauri P.E.等（2009）报道，阳光主干形（Solaxe）和目前的离心整形修剪被认为是法国最近30年苹果修剪的主要树形方式，非常适用于高密度栽植的果园，在苹果生产中应用最多。

智利Reginato G.H.等（2008）报道，过去25年中智利的水果产业发生了巨大的变化。在70年代末，苹果园以实生苗低密度栽植和开心形（Open vase train）修剪为特征。虽然矮化苹果砧木在70年代初就引进，但一直保持低密度栽植，直到水果产业得到了高度的创新，再通过反复的试验得到提高。短枝红元帅栽培品种在70年代末引进（嫁接于实生苗），用于高密度栽植（400~700株/666.7m$^2$），澳洲青苹嫁接于MM106或M系的砧木上。这些植株采用中心领导干整形，在很多情况下果园不能高产，因为MM106或M7砧木的栽培密度较低。随着90年代初2种栽培新品种的引进（主要为嘎啦和富士），MM106成为标准砧木，栽植密度由700株/666.7m$^2$变为1000株/666.7m$^2$。修剪方式以垂直单干形修剪为主。许多果园分枝生长过于旺盛导致内堂郁闭光照不足。近几年，许多果园转向使用solaxe修剪，这样树体生长稳定。最近，又有大的转变，转向以M9为砧木的密集型果园（2000株/666.7m$^2$或者更高），采用高纺锤形修剪、垂直单干形修剪或者solaxe修剪。

保加利亚Gandev（2009）报道，嫁接于MM106砧木的"新红星""红元帅""黄元帅"等生长势弱的品种，包括短枝型品种，采用自由纺锤型修剪。目前，对"乔纳金""Melrose Florin"等非短枝型品种，由于旺盛生长，生产中采用细纺锤形树形。

## 二、国内苹果整形修剪现状

我国的苹果树形发展，经历自然圆头树形、三大主枝半圆形、纺锤形及开心形3个时期。目前应用最多的树形是小冠疏层形、自由纺锤形和细长纺锤形（Slender spindle）或介于其间的一些小冠形。在修剪方面，由过去多短截、不拉枝、留大枝，向多长放、少短截、多拉枝、开角度、去大枝、留小枝方向发展。由冬季修剪向四季修剪发展。由多环剥、环割，向刻芽、转枝方向发展，树体骨架由繁变简，修剪技术由烦琐变简化。

树形对苹果产量和品质影响极大，随着栽植密度和栽培水平的变化，树形也随之改变。在纺锤形方面，又出现了改良纺锤形、自由纺锤形、细纺锤形和高纺锤形。其中高纺锤形是2004年西北农林科技大学等在国外高纺锤形的基础上，提出了适合中国矮砧果园的高纺锤形。据调查，目前我国小冠开心形陕西比例高达61.5%，主干分层形辽宁高达57.2%，纺锤形河南高达51.2%。

据调查，我国目前拉枝等于90°的果园已占苹果总面积的51.55%，大于90°占22.5%；新梢冬季短截仅占25.5%，新梢长放不剪已占74.5%；四季修剪果园占果园总面积的21.8%，但还有43.9%的果园只进行冬季修剪；刻芽、目伤的果园占24.4%，剪锯口保护的果园占37.5%，比过去比例提高很大。但还需要不断提高修剪技术水平，增大新技术推广比例。

## 三、常见树形比较

在国内矮砧果园推广最多的是细纺锤形和自由纺锤形，在国外，推广最新的是高纺锤形。

矮砧果园，树形以纺锤形为主，其中666.7m²（亩）栽植100株以上和肥水条件较好地区，矮砧果园长势较旺，为了控制树冠和获得高产优质，以培养高纺锤形为主；在666.7m²（亩）栽植100株以下和肥水条件较差地区，矮砧果园长势较弱，为了促进生长和获得高产优质，以培养细纺锤形和自由纺锤形为主。生产上几种常用树形及特点比较见表5-1和表5-2。

表5-1　几种常用树形结构特性比较

| 树形 | 栽培类型 | 密度（株/666.7m²） | 主枝数量（个） | 主枝角度（°） | 主枝与中干粗细比例 |
|---|---|---|---|---|---|
| 高纺锤形 | 矮砧 | 100以上 | 30~50 | 90~120 | 1：5~7 |
| 细纺锤形 | 矮砧 | 80-100 | 15~20 | 90 | 1：4~5 |

续表

| 树形 | 栽培类型 | 密度（株/666.7m²） | 主枝数量（个） | 主枝角度（°） | 主枝与中干粗细比例 |
|---|---|---|---|---|---|
| 自由纺锤形 | 乔砧或半矮砧 | 40-80 | 10~15 | 80~90 | 1:2~3 |
| 小冠开心形 | 乔砧 | 20-40 | 4~7 | 80~90 | 1:2 |

表5-2　几种常用树形整形修剪特性比较

单位：m

| 树形 | 树高 | 干高 | 定干高度 | 主枝长度 | 主枝间距 | 主枝冬剪处理 | 中央干冬剪处理 |
|---|---|---|---|---|---|---|---|
| 高纺锤形 | 3.5~4 | 0.8~0.9 | 0.9~1 | 0.8~1.2 | 无 | 不剪 | 不剪 |
| 细纺锤形 | 3~3.5 | 0.7~0.8 | 0.8~0.9 | 1~1.5 | 0.1~0.15 | 不剪或轻剪1次 | 轻剪2~3年 |
| 自由纺锤形 | 3~3.5 | 0.7~0.8 | 0.7~0.8 | 1.5~2 | 0.2 | 轻剪2次 | 轻剪3~4年 |
| 小冠开心形 | 2.5~3 | 0.9~1.2 | 0.7~0.8 | 3~4 | 0.3~0.4 | 成形后不剪 | 落头开心 |

## 第二节　高纺锤树形及培养技术

千阳县自2012年从苹果生产发达国家荷兰引进自根砧苹果大苗，连续几年来不断扩大规模、完善技术，使千阳成为全国最大的自根砧苹果生产示范基地。高纺锤树形是自根砧苹果主要的树形，在修剪方面就有其相关配套的技术，几年来仅有的生产实践总结如下，供广大果农朋友学习和应用。

## 一、高纺锤树体结构

666.7m²栽植140～190株,高纺锤树形的树体结构为,树高3.2～3.5m,干高0.8m。中央领导干与同部位主枝粗度之比5～6∶1主枝粗度基部直径1～2cm。在定植当年冬季修剪时中央干与侧枝比例2∶1,第2年3∶1,第3年4∶1,第四年以后达到5～7∶1。中心干上配备小主枝35～45个,结果枝直接着生在小主枝上,小主枝水平长度不超过0.7m,与中央领导干夹角110°～140°。枝量多,结果能力强,无大主枝存在。成形后高纺锤形在秋季666.7m²留枝量8万～9万条,修剪后枝条总量为6万条左右,长、中、短枝比例1∶1∶8。

## 二、整形修剪技术

多年来,国内中间砧苹果栽植单干苗,而自根砧苹果在国外就栽植大苗,我们也就引进、栽植带分枝大苗,达到早结果、早收益的目的。因此,栽植后与中间砧修剪不同。自根砧栽植后把直径超过同部位中央干2/3的大枝和运输过程中折断的枝条留短桩疏除,并对剪口涂封剪油保护,减少剪口水分蒸发,并利于伤口愈合。其余枝和中干不做任何处理。

## 三、生长季节修剪

### 1.促生分枝

由于自根砧苹果树中干不短截,自然会出现中干光秃现象。因此,促生分枝是培养高纺锤树形多主枝的主要技术措施。一是使用抽枝宝。抽枝宝是河南省洛阳市林科所研制的广谱高效植物芽眼萌动生枝剂(高效抽枝宝),萌芽前用毛笔或木棒蘸药少许直接涂在芽体上,每芽用量为米粒大小,每克涂150～200个芽。我们使用经过调查效果很好。对1年生枝，发芽率可达到95%以上，对多年生枝发芽率也在75%以上。而且使用抽枝宝克服了刻芽造成伤口削弱长势的副作用，且促生的分枝角度大，利于培养树形。二是刻芽。对嘎啦等萌芽率高品种可以不刻芽，对萌芽率低的品种要进行刻芽。春季苹果树萌芽前后，对中干和主枝上缺枝部位在芽上方0.2~0.3cm处，用刀或剪刻一月牙形切口，深达木质部，促芽萌发，使其生长，刻芽对于幼旺树枝量的增加效果显著。刻芽要根据需枝部位和需要发枝的长度确定刻芽时间、刻伤程度和刻芽数量。一次不能刻芽太多，否则影响生长。栽植当年可推迟在6月份，刻芽最多不超过3个，也可待第2年春季刻芽，刻芽后的主干要立柱背干，防止大风吹折。

2.拉枝开角

高纺锤树形的主枝角度在110°~140°，为此，拉枝是高纺锤形整形的又一个主要技术措施。一是从5月上中旬开始，对长度在25~30cm的主枝，或者未到位的多年生主枝及延长头角度变小的继续开张角度达到目标要求。对于新梢可采用多次拉枝，5~6月份拉基角，秋季用开角器或拉膜拉腰角。将中干上的新梢拉至95°~120°。拉枝时枝条短的、易成花的品种角度可拉小一点或推迟拉枝时间，枝条长的、难成花的品种角度可拉大一点。角度对果实品质有一定的影响，随着主枝角度的增大，果实外观品质（平均单果重、果形指数、花青素）和内在品质（硬度、可溶性固形物、总糖、总酸、Vc、蛋白质、果胶和果实钙含量）均有不同程度的提高。主枝拉枝角度红富士以120°、嘎拉以90°~110°为好（见下表5-3、表5-4）。

表5-3 拉枝角度对嘎拉果实外观品质的影响

| 角度 | 平均单果重（g） | 果形指数 | 花青素（毫微克/cm²） |
|---|---|---|---|
| 小于55° | 180.49 | 0.919 | 3.756 |
| 70° | 180.33 | 0.933 | 4.50 |
| 90° | 190.15 | 0.975 | 5.646 |
| 110° | 190.39 | 0.942 | 4.804 |
| 大于120° | 194.45 | 0.934 | 3.675 |

表5-4 拉枝角度对富士果实外观品质影响

| 角度 | 平均单果重（g） | 果形指数 | 花青素（毫微克/cm²） |
|---|---|---|---|
| 小于55 | 234.34 | 0.873 | 3.824 |
| 70° | 234.69 | 0.881 | 4.636 |
| 90° | 250.34 | 0.899 | 4.694 |
| 110° | 295.47 | 0.884 | 5.588 |
| 大于120° | 273.48 | 0.920 | 3.890 |

## 四、休眠期修剪

### 1.长放修剪

长放是形成花芽的有效技术。在生长季节拉枝技术措施的基础上，休眠期采用长放措施利于树形培养，更利于花芽形成。

### 2.简化修剪

自根砧苹果树大苗建园，第2年结果，培养树形与结果同时进行。修剪原则以轻剪为主，修剪方法主要为长放和疏枝。在主枝上直接培养结果枝，前1～2年仅疏除1年生旺枝和粗度大于着生部位超过1/2的主枝。一般每个树疏主枝2～3个为宜（如果枝条粗度不超过，可1个也不疏），中干延长枝不短截。第2～3年冬剪继续选留中干延长上生长势中庸、角度大的1年生枝条作小主枝，不打头。对中央延长枝上部过长、过强枝条疏除，利于中干生长。第4～5年随着树龄增长，及时去除树体上部过长的大枝或顶部1~2个竞争枝，以保持中干优势。2016年对1年生自根砧树做试验设置3个处理，分别疏除3个、6个、9个主枝，每个处理各3个树。调查结果为疏枝少，2年生主枝多，总枝量大，结果数量多，干周量大，结果见表5-5。

表5-5 自根砧1年生树疏枝量对第2年枝量及结果的影响

| 处理 | 疏主枝数（个） | 两年生主枝数（个） | 长枝（cm） | 中枝（cm） | 短枝（cm） | 合计（cm） | 干周（cm） | 留果数量（个） |
|---|---|---|---|---|---|---|---|---|
| 1 | 3 | 17.6 | 52 | 38 | 77 | 167 | 13.6 | 10 |
| 2 | 6 | 17 | 47.6 | 36.5 | 77 | 161 | 13 | 9 |
| 3 | 9 | 12.3 | 40 | 24 | 71 | 135 | 12.5 | 6.6 |
| 平均 | 5.6 | 15.6 | 46.5 | 32.8 | 75 | 151 | 13 | 8.5 |

3.剪口留桩

自根砧苹果树高纺锤形树形，主枝数量大，为了保证有充足的枝量，根据空间大小，在疏除主枝时，不同剪口，发枝量不同，可根据需要在剪口留桩。2016年对不同剪口处理设3个树，每个树10个剪口，调查情况为剪口留桩长，发枝多；留桩短，发枝少，且根据这几年的观察，斜剪口下发出的枝较平剪口下枝弱，剪口斜面大，愈合慢。平剪口下的枝较强，剪口愈合快（见表5-6）。

表5-6 自根砧1年生树剪口留桩对发枝量的影响

| 处理 | 平均每株剪口数量 | 剪口发枝类型数量 | | | 发枝总量 |
|---|---|---|---|---|---|
| | | 长 | 中 | 短 | |
| 留桩去平 | 9 | 1 | 1 | | 2 |
| 1cm平桩 | 9 | 2 | | | 2 |
| 1cm斜桩 | 9 | 1 | | | 1 |
| 2cm平桩 | 9 | 5 | 2 | | 7 |
| 2cm斜桩 | 9 | 5 | 1 | 1 | 7 |
| 合计 | 45 | 14 | 4 | 1 | 19 |

**4.复壮更新**

进入盛果期后,一些主枝长势会变弱,随着小主枝枝龄增长而变粗,应及时更新。更新小主枝时应留小桩,小桩位置发出的平生小枝,不要短截,拉枝下垂或结果后自然下垂,继续作为主枝培养,根据需要每年可更新2~3个枝,逐年进行,使结果、更新两不误。

## 第三节 整形修剪的主要方法

自根砧果园结果容易,修剪量较小。修剪方法主要有拉枝、长放、疏枝、回缩等。中间砧果园,结果较晚,使用的修剪方法较多。

## 一、拉枝

拉枝就是人为地改变枝条的生长角度和分布方向的一种整形修剪方法。拉枝对培养树体骨架结构、合理枝条空间分布、改善光照通风条件、改变枝条极性、调整枝条势力、促进或抑制枝条生长、萌发以及调整果树生长与结果矛盾等都具有非常重要的作用。

拉枝作为果园管理的重要手段,一年四季均可拉枝,而以秋季拉枝最好,原因是秋季正是养分回流期,及时开张角度,养分容易积存在枝条中,使芽体更饱满,可促进提早成花。同春季拉枝相比,背上不会萌发强旺枝。秋季枝条柔软,也容易拉开。

**1.拉枝角度**

要依据海拔高度拉枝,海拔越高,树体长势越弱,拉枝角度要小。一般海拔800m以下的应拉枝为120°~130°,海拔800~1000m的应拉到110°~120°,海拔1000m以上可拉到100°。水地、旱地拉枝有所不同，土壤瘠薄、肥水条件较差的地区，拉枝角度就要小些，可采用斜向上的角度，不要拉成负角度。水利条件好的拉枝角度应大一些。树势不同，拉枝角度也不同。对于枝条基角较小、势力较强、延伸较长的枝，则要拉得大一些，一般拉成负角度。双矮短枝型树拉得小一点。衰弱树不能拉枝，应加强肥水等管理返旺后再拉枝。如果苗圃分枝角度较水平，可以不进行拉枝。

2.拉枝方法

拉枝前用手轻轻活动枝条是关键，在拉枝开角时，往往会把枝折伤或从树杈处拉劈。如果在开角前能先活动枝的基部，就可有效地防止这一现象的发生。

3.注意事项

注意拉枝材料要抗风化能力强，要能维持3个月以上。要严防拉绳嵌入枝条木质部之中。系绳时，最好系活套或使用挂钩。用较细的铁丝或绳拉枝时，要加护垫。地下固定要牢固，防止因浇水或下雨使拉绳反弹。河北农业大学生产的开角器，也可开大角度。

## 二、疏枝

是指把1年生枝或多年生枝从基部疏除的修剪方法。其方法多用于冬剪，夏剪时也有应用。疏枝可以改善树冠内光照状况及附近枝的营养状况。疏枝后，对伤口上方（前方）具有抑制作用，对伤口下方（后方）的枝条具有促进作用。就整株而言，若上部疏枝较多，顶端优势就会向下部枝条转移，从而增强下部枝条的生长势；相反，如果下部疏枝较多，则会增强上部枝条的生长势。同时，由于疏枝减少了枝叶量，有助于缓和母枝、加粗生长。

1.对象

病虫枝、过密枝、重叠枝、交叉枝、并生枝、衰弱枝、竞争枝、无用徒长枝、无用萌蘖、位置过低的主枝、完成使命的牵制枝、严重影响光照的枝组以及一些需要更新的枝条。另外还有一些在树形当中影响单轴延伸的较大分枝也需要疏除。

2.时间

疏枝时间分生长季节和休眠季节。春季可疏除一些无用萌蘖。从采果后到落叶前的这段时间疏枝，由于树冠叶片齐全，树冠的通风透光情况最易掌握，不易出现疏漏。

3.注意事项

疏枝时应注意伤口倾斜20°~30°，并将伤口削光。一般情况下，避免对口伤疏枝和连续疏枝，这样会对树体或枝条削弱严重。疏枝后的空间可用拉枝、刻芽等方法补上。另外，疏枝要留3~4cm短桩，便于发出新枝。

## 三、缩剪

对2年生以上的枝进行剪截的修剪称缩剪或回缩修剪。缩剪比短截的局部促进作用更强，有助于养分向基部转移。成龄树冬剪时通常应用。缩剪用于培养枝组时缩短枝组的"轴"长度，使枝组紧凑。缩剪也用于骨干枝开张角度，或改变骨干枝的延伸方向。

1.对象

树头、主枝延长头、过密的骨架枝，需要分步疏除的大枝；冗长的枝组，体积过大的枝组，密度过大的枝组，枝轴过长的枝组；衰老树，衰弱的枝组。

2.缩剪方法

回缩是树冠控制和枝组更新复壮的最基本方法之一，是密闭园改造的常用方法。

树头的回缩。矮砧果园一般不进行落头，但如果树头过旺，造

## 第五章 整形与修剪

成管理不便时可适当落头,强头换弱头,大头换小头。

主枝的回缩。主枝的回缩分为以下几种情况:主枝过长,行间或株间交接,需要回缩。主枝严重衰弱,需要更新复壮。主枝角度太小或太大,需要开张角度或抬高角度。

衰老树,衰弱的枝组的回缩。主要是减少生长点,集中营养,恢复树势和枝势,一般采用抬高角度的方法,衰老树回缩到背上有良好分枝处。高纺锤形果园,小主枝粗度超过2.5cm,要留3~4cm短桩进行回缩。

我们对1年生矮化自根砧苹果幼树富士、嘎啦在冬季进行疏枝留桩1cm、2cm及平剪、斜剪等6个处理修剪观察。发现不留桩发枝率为0,留桩2cm发枝率在81%以上,富士比嘎啦发枝率高,平剪比斜剪发枝率高,但斜剪发枝比较水平,不需要再拉枝。

自根砧T337红乔纳金第1年冬季剪光干与未剪比较,剪光干大枝多,生长旺盛,但2~3年内单株产量低。未剪光干者,当年单株产量是剪光干者的8倍,且细枝条多,冬剪去枝少。自根砧T337第1年冬季进行留桩去除3个、6个、9个分枝处理,发现去除枝少,第2年单株挂果多,全树总枝量多,大枝少。去除枝越多,挂果越少,总枝量少,大枝多(见表5-7)。

表5-7 自根砧T337第1年冬季修剪分枝处理情况

| 类型 | 留桩去除3个粗分枝 | 留桩去除6个粗分枝 | 留桩去除9个粗分枝 |
|---|---|---|---|
| 苗高(m) | 3.05 | 3.2 | 3.12 |
| 品种段10cm处干周长(cm) | 13.0 | 13.67 | 12.83 |
| 单株挂果数(个) | 10 | 9.67 | 6.67 |
| 中央干直径≥1.5cm分枝数量 | 4.0 | 5.7 | 6 |
| 中央干直径0.8~1.5cm分枝数量 | 12.7 | 13 | 13 |
| 中央干直径≤0.8cm分枝数量 | 27.7 | 20.3 | 16.3 |
| 新梢总数(个) | 96.3 | 87.7 | 74.7 |

## 四、缓放

所谓缓放（长放），即对1年生的枝条，尤其是营养枝，保留不剪称为缓放，亦叫长放或甩放。这是矮砧果园最主要的整形修剪方法。

1.作用

缓和新梢长势和减少成枝力。这是由于长放后树体或枝条上所保留的枝芽量多，在生长季节如春季树液流动后营养分散，尤其是在春季拉枝的基础上，顶端优势减弱，下部枝梢或芽萌发的比例增大，而且相比之下所抽生长枝的数量减少。

促进成花。特别是在春梢停长期，树冠自身的营养能力增强，即能够最大限度地满足花芽分化对营养物质的迫切需要，所以枝条长放对于幼树提早成花，尤其是早果丰产具有非常重要的作用。

加快树干和枝条增粗。由于长放枝条叶面积总量最大，树体或枝干的增粗较快。

在红富士下垂枝结果的管理方法当中，采用连年缓放的方法可培养下垂的单轴结果枝组。

2.操作要点和注意事项

旺枝长放还容易导致枝条后部光秃带现象严重，特别是在主枝或中干延长头上连续长放，不仅会造成全树衰弱，而且会严重影响幼树早期的迅速扩冠。这样做虽然早见果，但不见丰产。

旺枝缓放以后采取综合调整措施才能控制树势，促进花芽形成。在长放以后要随着树体的开花结果，还必须密切注视其体积大小、花芽留量和长势等，随时进行适当的收缩并最终培养成良好的结果枝组。

## 五、刻芽

刻芽又称目伤，根据所刻的位置不同，所起的作用也不相同，在芽前刻时具有促进芽子萌发的作用，在芽后刻时具有抑制芽子萌发的作用。萌芽率高的品种及3年生苗木可以不刻芽，1年生苗及萌芽率低的品种可以进行刻芽。

芽前刻指在芽上方0.2~0.5 cm处用刀横刻皮层的修剪方法，也可以用钢锯条在此位置拉几次，工效很高。以促进所刻芽的萌发力、成枝力，促发短枝。刻芽常用于幼树，以促进枝条萌芽成枝，特别是出短枝，早成花、早结果；也可用于骨干枝的延长枝，以克服光腿枝，特别是可以定向发枝；对于长的发育枝，可以连续刻芽，或间隔刻芽，以更多、更均匀地诱发短枝。生产中刻芽配合点抽枝宝进行，效果更好。一般每隔3~4芽，刻1个芽。

1. 刻芽的时间

以萌芽前后为宜，刻芽早，出长枝；刻芽晚，出短枝多。刻芽过早，容易发生枝条失水抽干；刻芽过晚，芽已经萌发，达不到目的。为了促发较大的侧生枝或解决多年生枝干光秃问题，应在苹果树萌芽前20~30d进行；若为了促发中短枝，应在萌芽前7d至萌芽初期进行。

2. 刻芽方法

春季刻芽时凡需要刻的背上芽，一律在芽后0.2~0.5cm处用钢锯横刻一刀，深达木质部。这样背上就不会冒长条了。

两侧和背后芽在芽前0.2~0.5cm处刻。如果不希望所发枝条太长，可在芽前1~1.5cm处刻芽。

# 第六章　肥水管理

由于农业自身的弱质性及风险性，其比较效益较其他行业低，生产成本持续上升的趋势必将增大政府补贴的强度与压力，而且随着化肥、农药、灌溉、机械等生产要素投入的大幅度增加，投入效益呈下降趋势。世界观察研究所分析了化肥的能耗效益，发现谷物的产量仅以算术级数增长，而化肥的能耗却近乎几何级数增加。1950~1985年的35年间，世界化肥用量增加了8.3倍，总能耗增加了5.9倍，而在此期间谷物仅增加了1.7倍。我国在1965~1990年，化肥施用量增加12.3倍，粮食总产量只增加1.3倍，单产也仅增加1.4倍，能耗增加更快。而且随着产量的进一步提高，各项物质、能量的投入仍需要大幅度增加，这种产投效益的递减，无疑给农业生产的持续稳定发展带来更大的困难。

我国苹果矮化自根砧起步较晚，在肥水研究方面研究较少，国外在这方面研究较多，下面主要介绍国外研究成果，供生产者参考。但要结合实际，如国外提出生长季节每周1次肥水，苹果每666.7$m^2$产量5~6t，我们国家没有灌溉条件，采用秋季树盘覆盖黑色地布保墒，经济实惠，苹果产量控制到4t。

# 第六章 肥水管理

## 第一节 美国精准灌溉及海升、华圣肥水管理

### 一、美国的精准灌溉管理

美国康奈尔大学园艺系Terence Robinson报道，在干旱的夏季，苹果园灌溉对生产大果是不可缺的。目前我们利用纽约州、麻萨诸塞州、佛蒙特州、NY（纽约）、宾西法尼亚州气象站的气象数据，建立了一个新的基于网络平台的灌溉模型（康奈尔大学苹果灌溉模型），供苹果种植者根据树龄大小、种植密度决定灌溉量。这个模型也有助于美国东部地区果农在潮湿、多雨的气候条件下更精确地管理土壤水分，以连续收获到最适宜果实大小。

连续获得适宜果实大小的高品质的苹果对果农收益至关重要。负载量和水分胁迫是2个最重要的生物学和管理因素。连年生产大果需要精确控制负载量和树体水分状况。水分精准管理对防止果树在干旱夏季发生水分胁迫和影响果实大小是不可或缺的。市场上要求果农提供单果重为160~200g的苹果，为了获得理想的果实大小，种植者一般在春季通过化学药剂疏果来适当地减少负载量，但如果夏季非常干旱，就很难达到理想果实大小，经济收益大打折扣。因此，为了获得理想的果实大小，精确化学疏果和精准灌溉缺一不可。

水分精准管理的第二个重要作用是促进新栽树和幼龄树的生长。密植园获得较高的经济效益依赖于栽植后第3年、第4年和第5年获得高产，从而抵消投入成本。为获得预期的高产，需要在栽植后前3年使树体得到最佳生长。但我们发现，密植园的最大问题之一是栽植后的前3年树体经常得不到充足的生长。Gerling（1981）通过对20年树龄果园的经济效益评估，指出如果早期树体生长较弱会抑制树冠

大小发展，使投资增加20%，并且总收益会降低66%。而影响树体生长的主要问题是栽植后的3年供水不足。在美国东北部果树生长和发育关键期，果园生长季节通常会发生雨水供应不足的现象。每10年中有3年，严重缺水现象经常发生在6、7或8月份。

美国东部地区果园水分精准管理的第三个重要作用是有利于促进根系从土壤中吸收钙和其他矿质元素。当土壤干旱或树体遭受水分胁迫时，许多营养元素的吸收受到限制，因为营养元素的吸收必须溶解在土壤溶液中根系才能吸收。Sergio Lopez和Terence Robinson在Geneva的研究结果表明，在不同生长季节出现缺水2周的现象会导致蜜脆苹果发生苦痘病。最易遭受水分胁迫的时期是5月份开花期和花后的一段时期以及7月份。而水分精准管理可以保证根系对土壤中钙的稳定吸收，从而降低苦痘病的发生。

滴灌可以达到上述三个重要效果（增加果实大小、促进幼树生长和产量提高及改善苦痘病），因此，在美国东部地区湿润气候区许多密植园果农逐渐采用滴灌系统，以保证成功进行密植栽培。但是，由于很难确定盛果期果树和幼龄未挂果树的需水量，因此种植者通常凭经历、感觉、经验，或者采用农作物系数模型来确定需水量。

2006年，Lakso教授和他的研究生Danilo Dragoni建立了一个数学模型，用来计算苹果树的水分利用量。该模型是在著名的Pennman-Monteith模型基础上发展而来。Pennman-Monteith模型是通过田间草坪的生长和气象变量来计算水分利用的，而新建立的康奈尔苹果水分蒸发蒸腾总量模型依据果园非连续树冠而不是依据对作物系数（Kc）的矫正，可以做到比Pennman-Monteith模型更精确地估计苹果园水分利用量。

2012年我们开发了一种基于网络平台的工具——采用水分蒸发

## 第六章 肥水管理

蒸腾损失总量（ET模型）的输出量来估计幼龄、中等以及老苹果园的每天或每周的需水量。这个网络平台已经放在NEWA网站上，允许种植者和咨询专家每天或每周根据当地（NEWA）或局部气象站（机场）的气象资料，通过该模型来预测果园需量。

使用者可以选择离他们最近的气象站的资料，输入果园位置、树龄信息。该模型可以通过气象站提供的过去7d内的气象资料及天气预报的后7d的天气状况，计算和显示过去7d及随后6d内该果园的水分需要量，计算得到的水分平衡量用加仑/英亩来表示。如果该数据是负值，表明果园需要灌溉；如果是正值，表明最近降雨量超过了果园蒸散量，供水量超过了需水量，果园不需要灌溉。由于降雨量在不同地区相差很大，气象站资料可能不代表使用者果园真实的降雨量。因此，该网站还允许使用者输入自己记录的降雨量。

该模型的特点是考虑了降雨量，并从树体需水量中减去了降雨量；也考虑了不同园龄果园果树的有效根系分布面积，从而只将这部分根系所能吸收的降水量计算在内。

该新模型和网站与以前的模型相比，不管是干旱还是湿润年份，都能更精确地进行水分精准管理。精准管理土壤水分需要：

种植者和咨询专家每周登陆NEWA网站（http://www.newa.cornell.edu），根据他的果园所在位置和树龄，决定之前和之后的每周内每日需水量。

通过滴灌系统来灌溉，完全替代按经验估计需水量。

为了避免土壤水分过饱和，我们建议在大雨（1.27cm以上）前1d或大雨后3d，不要使用该模型。

根据土壤类型决定灌溉的频率。沙质土壤上可以每1~2d滴灌1次；壤土或黏土上可以将几天需水量相加后1次滴灌。

在生长季早期（5月上旬到6月中旬），建议沙土和黏土每周滴灌1次。

从6月中旬到8月下旬，建议黏土每周2次、沙土隔天进行滴灌。

如果降雨量与树体需水量的差值是负值，表明需要灌溉；如果是正值，表明不需要灌溉。2012年只有20d是自然供水量大于需水量，有100多天都是自然供水量低于需要量。

2012年从萌芽期开始的果园累积蒸腾量和降雨量图显示，成龄树6月10日之前降水量足以满足果树的水分需要量；6月10日之后，水分需要量超过了降水量，需要灌溉。新植园幼树在5月27日之后水分需要量超过了降水量，表明幼树需要更早进行灌溉。从这些数据我们可以看出，2012年对灌溉有显著需求。这些数据也表明精准管理土壤水分和及时补水是非常必要的。如果种植者等到累积水分亏缺很大时再滴灌补水，将会很难满足果树的需水状况。

小结：无论负载量多大，灌溉对于果实生长都有至关重要的作用。生长季中任何时候发生水分胁迫都会降低果实生长速率，对果实生长造成永久性的影响，很难恢复。水分胁迫还影响果实钙的吸收，导致苦痘病。水分精准管理技术可以使种植者能够降低发生水分胁迫的可能性，以便持续性地获得最佳果实大小和适宜的钙含量。新的康奈尔苹果灌溉模型能够使美国东部湿润并时常多雨区的种植者能更精确地管理土壤水分。将来，利用自动电子灌溉系统，种植者可以根据天气预报更精确地补充每天的需水量。

## 二、华圣和海升肥水管理系统

### 1.宝鸡华圣果业公司水肥一体化实例

宝鸡华圣果业有限公司于2014年5月3~5日引进荷兰2年生无病毒苹果大苗在千阳县柿沟镇建设标准化示范园6.67hm$^2$，其砧木为M9-T337，株高1.5m，大小一致，株行距1m×3.5m。树盘采用地膜覆

## 第六章 肥水管理

盖，行间生草（黑麦草），搭建水泥立柱格架系统，配套滴灌系统，进行水肥一体化管理。

7月份开始施肥，当年每666.7m²灌溉量44m³，肥料施用量纯氮、纯磷、纯钾分别为4.37kg、3.8kg、7.58kg。采用少量多次的施用方式，前期以氮肥为主，中后期减少氮肥用量，增施磷、钾肥。

经过综合细致管理，当年苗木生长状况良好，农艺性状指标增长明显。随机从密谢啦（嘎啦优系）、金冠及授粉树海棠3个品种中各选取100株进行生长指标测试，生长季末测定株高、干粗度、总枝数、长枝数（>30cm）、成花数。结果显示，平均每株株高分别为215cm、235cm、152cm；干粗分别是2.1cm、2.4cm、1.3cm；总枝数分别是30个、29个、25个；长枝数分别是11个、15个、3个。2015年每株结果30个，2016年每株结果100个。

另外一个公司当时苗木比华圣公司还大，但仅滴灌，未铺地布，也少量施一般肥，树比华圣生长量明显少，第2年春季调查，每株嘎啦花序10~15个，比华圣减少一半。

### 2.陕西海升公司肥水一体化案例

陕西海升果业公司从2012年开始发展自根砧苹果园，目前在全国20多个县建立了自根砧苹果园，系统总结出了肥水一体化管理技术。

结合注肥系统后，实现水肥一体化精准施肥和浇水，极大地提高了水分和肥料的有效利用率，降低了肥料和人工成本，实现了信息化、自动化、智能化水肥管理。根据天气情况20d左右滴灌施肥一次，全年滴灌施肥10次，全年平均每株灌水0.5m³，平均每666.7m²追肥50元左右。在8月10日左右果园播种黑麦草及三叶草，利用进口割草机割草，每机每天割草50×666.7m²（50亩），全年割草3~4次。

通过对果园不同区域土壤养分测定和叶片营养分析，针对M9-

T337矮化密植果树不同生理阶段的养分需求特点，全年滴灌10次，每次分别加入肥料，剂量见表6-1。

表6-1 滴灌施肥剂量及次数（666.7m$^2$用量，单位kg）（冯欣欣，2014）

| 肥料名称 | 3月10日 | 4月5日 | 4月30日 | 5月25日 | 6月25日 | 7月15日 | 8月5日 | 8月20日 | 9月15日 | 10月10日 |
|---|---|---|---|---|---|---|---|---|---|---|
| 磷酸二氢钾 | 0 | 2.2 | 0 | 2.2 | 3.5 | 3.5 | 2.2 | 2.2 | 1.5 | 1.4 |
| 磷酸二氢铵 | 0 | 0 | 0 | 0 | 1.5 | 1.5 | 1.2 | 1.2 | 1.0 | 0.8 |
| 硫酸锌 | 0 | 0 | 0 | 0 | 0.18 | 0 | 0.1 | 0 | 0.16 | 0.15 |
| 硼酸 | 0 | 0.1 | 0.1 | 0.1 | 0.14 | 0.1 | 0.1 | 0.14 | 0.16 | 0.12 |
| 尿素 | 3 | 3 | 3 | 2 | 5 | 2 | 3 | 3 | 0 | 0 |

## 第二节 自根砧浇水与干旱试验

### 一、千阳县试验

2年生自根砧T337年滴灌4次，累计666.7m$^2$灌水16m$^3$，再结合黑色地布保墒，与黑色地布保墒、不滴灌相比，对树高和干周影响很小，但仅覆盖地布，大枝少，冬季修剪去枝少。在干旱条件下，采用黑色地布覆盖可以成功栽培自根砧苹果树（见表6-2）。在果实品质方面，除过滴灌的单果重比对照高10.73%外，其他指标处理均低于对照（见表6-3）。无灌水条件，通过地布保墒，栽培自根砧富士，因秋季多雨，灌溉与覆盖的树体生长及品质产量差距不大，但是嘎啦品种，成熟期在8月高温干旱时期，如果不灌溉仅覆盖，其果个要稍小，产量会下降。

表6-2 2年生自根砧T337滴灌和干旱处理对树体生长的影响

| 类型 | 富士 | | 嘎啦 | |
|---|---|---|---|---|
| | 滴灌4次地布覆盖 | 地布覆盖 | 滴灌4次地布覆盖 | 地布覆盖 |
| 树高（m） | 3.3 | 3.3 | 3.1 | 3.0 |
| 品种段10cm处干周长（cm） | 14 | 12.5 | 13 | 11 |
| 中央干直径≥1.5cm分枝数量 | 5 | 4 | 4 | 0 |
| 中央干直径0.8～1.5cm分枝数量 | 15 | 13 | 11 | 8 |
| 中央干直径≤0.8cm分枝数量 | 19 | 21 | 18 | 21 |
| 新梢总数（个） | 68 | 61 | 71 | 63 |

表6-3 2年生自根砧T337滴灌和干旱处理对果实品质的影响（2年生树）

| 项目 | 单果重（g） | 可溶性固形物含量（%） | 硬度（kg/cm$^2$） | 果面着色（%） | 果面光洁度 |
|---|---|---|---|---|---|
| 滴灌加黑色地布 | 306.6 | 17 | 7.25 | 89 | 93.8 |
| 黑色地布（对照） | 276.9 | 17.4 | 8.32 | 90.6 | 95.8 |
| 处理比对照增减% | +10.73 | -2.3 | -12.86 | -1.77 | -0.21 |

## 二、韩城市调查

对韩城市2015年春季栽植2hm$^2$自根砧果园进行调查，该果园栽植时每株人工灌水15kg，并采用黑色地布覆盖，自根砧露地面5cm。在2年内未采用人工灌溉，生长正常（见表6-4）。韩城市年降雨量560.8mm。根据研究认为，栽植1.5m高自根砧苗，第1年树高2.0m，第2年树高2.7m，第3年树高3.5m，属生长正常。韩城在未灌溉条件下，第二年树高平均2.71m，生长正常。可以初步认为，自根砧采用黑色地布覆盖，在旱地可以推广。

表6-4 韩城矮化自根砧旱地生长情况调查

| 类别 | 富士 | 红乔王子 | 嘎啦 | 烟富3号 |
|---|---|---|---|---|
| 砧木露地面高度（cm） | 5 | 5 | 5 | 5 |
| 品种段10cm处直径（cm） | 3.9 | 3.6 | 3.1 | 4 |
| 树高（m） | 2.8 | 2.66 | 2.9 | 2.5 |
| 中央干分枝总数（个） | 33 | 17 | 33 | 20 |
| 中央干直径≥1.5cm多年生枝数量（个） | 3 | 2 | 0 | 5 |
| 中央干直径0.8~1.5cm多年生枝数量（个） | 10 | 5 | 7 | 8 |
| 中央干直径≤0.8cm分枝数量（个） | 20 | 10 | 26 | 7 |

# 第七章　病虫害防治

果树病虫害对树体生长和产量、品质影响很大,也是目前果园管理中最重要的生产环节。果树病虫害的防治须坚持根据田间病虫周年发生实况,突出重点,分类防治;养树重于病虫防治,弱树势是病虫害侵染的主要群体;在农业、生物、物理或人工防治措施的基础上,结合化学防治才能收到良好的防治效果。

## 第一节　主要病害防治

### 一、褐斑病

苹果褐斑病是造成黄土高原地区早期落叶的主要病害,近几年病害流行越来越严重,直接影响果实生长和花芽分化,以及果实膨大等,同时降低树体抗病能力,导致腐烂病大发生。

1.发生规律

苹果褐斑病是一种真菌引起的病害,病菌随病叶在地面越冬,次年4~5月份进行初侵染。病菌随雨水传播，降雨是导致褐斑病流行的主要原因。春暖后产生分生孢子、子囊孢子，这些孢子在温度23℃和相对湿度95%以上的适宜条件才能萌芽，从叶片背面侵入，主要侵染叶龄20d以上的叶片。病菌潜育期，最长31~45d（5月），最短3d（8月下旬），7月上旬至8月上旬为6~14d。从时间上讲，多表现为"七（月）病，八（月）落（叶），九（月）泛滥"，所以应注意预防为主，防治结合。

2.防治要点

农业防治。增施生物有机肥（益恩木），配合使用微量元素（如斯德考普）和生草覆草改良土壤，促使根系平衡吸收营养。进行配方施肥，增补大量和中、微量元素，如使用荣昌硅钙镁钾肥等。清除残叶，清扫落叶，开沟深埋病叶，减少病源。

生物防治。结合清园，萌芽前全园喷1次3~5波美度的石硫合剂。苹果开花前全园喷布1次益恩木多效复合微生态制剂300倍+益恩木多肽氨基酸200~300倍，花落后7d开始，每15d喷1次益恩木多效复合微生态制剂300倍+益恩木多肽氨基酸200~300倍。进入夏季，应坚持至少每15d喷1次益恩木多效复合微生态制剂300倍+益恩木生化黄腐酸钾300倍。夏秋季多雨，也可以穿插喷1~2次波尔多液。如出现落叶，要注意地面、树上同时喷，不留死角，这样控制病情效果好。

化学防治。如果5月份出现2次以上超过24h的阴雨天，需在5月下旬或6月上旬喷施1次内吸杀菌剂如400倍果优宝。苹果套袋后和7月中旬分别喷施1次波尔多液（硫酸铜∶生石灰∶水＝1∶1∶200）。7~8月份出现连续阴雨时，雨后应及时补喷内吸杀菌剂。防治效果好的内吸杀菌剂是丙环唑（金力士）、戊唑醇（剑力通）、氟硅唑（稳歼菌、福星）和咪鲜胺，以及含有这些成分的药剂。套袋前保护性杀菌剂选含量80%以上的代森锰锌（如邦佳威）。

## 二、斑点落叶病

斑点落叶病不仅为害叶片,而且对果实为害也相当严重。在叶片上主要侵染20d以内的幼叶。嫩叶受害时,产生褐色圆形小斑点,严重受害时叶片会焦枯,有的呈扭曲形,这与褐斑病的侵害为害形成明显区别。果实受害形成圆形褐色斑点,病斑周围有红色晕圈,为害局限果面,果肉受害极少。近几年套袋苹果受害较重,直接影响苹果产量和质量。

**1. 发生规律**

斑点落叶病以病菌在病叶和病枝上越冬,翌年苹果展叶时产生病菌发生,随风雨传染,花期就有蔓延,渭北南部地区4月中下旬叶片出现病斑,5月中下旬滋生较快,6月上中旬侵染春梢叶,8月中下旬至9月上旬侵染秋梢嫩叶。由此可见,该病在一年中有2次发病高峰,即春梢生长期和秋梢生长期。叶片老化后,病菌为害梢部和取袋后的果实。密植度大、管理差、营养水平低或有缺素症的果树受害重。

**2. 防治要点**

生物防治。结合清园,萌芽前全园喷1次3~5波美度的石硫合剂。苹果开花前全园喷布1次益恩木多效复合微生态制剂300倍+益恩木多肽氨基酸150~200倍,花落后7d开始,每13~15d喷1次益恩木多效复合微生态制剂300倍+益恩木多肽氨基酸200倍。进入夏季,应坚持至少每13d左右喷1次益恩木多效复合微生态制剂300倍+益恩木生化黄腐酸钾300倍。夏秋季多雨,也可以穿插喷1~2次波尔多液。如出现落叶,要注意地面、树上同时喷,不留死角,这样控制病情效果好。

农业防治。加强果园土肥水管理,合理留枝留果,提高树势,增强树体抗性，减少病虫害的发生。

化学防治。在春梢和秋梢嫩叶期分别喷70%代森锰锌600～800倍（如大生、普德金、保加新、高生、邦佳威等），或异菌脲（如扑海因）、果优宝，进行幼叶保护，以防染病。叶片病斑出现时，喷多抗霉素（如宝丽安）1500倍，或金力士4000～5000倍，以控制病菌扩大发生，然后再喷波尔多液、代森锰锌等进行保护。

## 三、套袋苹果斑点病

### 1.病因

黑红点病，由粉红聚端孢菌和粉红单端孢菌所致，形成套袋果实黑点病。链格孢菌侵染产生红点病。这2种病在用药不科学或喷不到位的区域经常发生。另外个别果园梨圆蚧为害出现红点，缺钙果树发生红点，绿盲蝽、康氏粉蚧受害果，也发生各种斑点。

### 2.综合防治技术

农业防治。果园种白三叶草既能提高土壤有机质，又能调节园内水分、肥力、温湿度。使用荣昌硅钙镁钾肥、益恩木等菌肥和生草覆草改良土壤，促使根系平衡吸收营养。

幼果期用药做到"六要四不"。套袋前要用细孔喷头喷雾；各种农药要二次稀释；喷雾器压力要足；雾化要细；喷头要朝上，果叶都要均匀着药；且喷头离幼果30cm以上。药剂不用铜制剂、福美系列和硫黄等复配类型；尽量不用乳油农药；不用劣质的可湿性粉剂；不用柴、机油混配乳油等杀虫剂；避免使用含有重金属的微量元素肥料，必要时选用螯合态微量元素肥料（如斯德考普）。

正确选择套袋前药剂、套袋前3次药，根据果园病虫情况正确选择保护剂、治疗剂、杀螨剂、杀虫剂、钙肥，既要严格控制各种病虫，又要减少用药品种，实践中发现药剂品种组合越多，对幼果面影响越大。

纸袋要选纸质密度大、耐雨水冲刷的标准质量果袋。套袋时要求"三要一避免",袋口要严实,袋好的袋中要空,袋子底孔要开,同时还要避免在露水未干、高温下套袋。

花末(落花期)霉心病严重园,喷多抗霉素、农抗120、扑菌灵悬浮剂800~1000倍+1.8%阿维菌素4000~5000倍,一般园花后1周用药。套袋前10~15d,喷代森联(品润)+3%啶虫脒。套袋时用果优宝、美甜(苯醚甲环唑+氟唑菌酰羟胺)、扑菌灵、丽致(或纳米欣,或甲基托布津)+代森联、丙环唑(金力士)。

在生物防治技术上,请结合斑点落叶病的防治措施和方法,灵活运用。

## 四、腐烂病

这几年随着果区树龄的增长和产量大幅度增加,出现了果园投入不足,树势变弱,对腐烂病抗力降低。腐烂病严重的果园树干、大枝病疤累累,千疮百孔,树冠上部小枝条染病后形成"干梢蔫果"。管理粗放果园,大枝残缺不全,果农称"缺胳膊少腿"。

*1.侵染规律*

苹果树腐烂病是由一种黑腐皮壳真菌引起的病害,该病害主要为害枝干,引起树皮溃疡和枝枯。病菌以菌丝体、分生孢子器和子囊壳在田间病株、病残体上越冬。早春病菌借风雨传播,从伤口侵入,多年生枝的叶痕,皮孔果柄痕,也是病菌侵入的主要部位。4月上旬至5月上旬和9月上旬至10月为侵染高峰期。病菌在健壮、抗病力高的树上潜伏时间较长,当侵染点周围树皮衰弱,伤口疤等处有腐生组织时,病菌活跃扩展,引起腐烂。发病的快慢取决于寄主树抵抗程度,一般夏季生长旺盛,发病较少,树势健壮的稳产树均发病较轻。

2.防治方法

及时疏蕾、疏花、疏果，减少营养消耗，保叶壮枝，增强树势，合理肥水，防止冻害，减少病虫伤口。

重视伤口保护，防止伤口不愈合而腐烂。剪树后的伤口最好用愈合剂涂抹，伤口愈合避免腐生。成年树出现病斑，应在春夏季及时进行桥接，利于恢复树势。

春季清园。萌芽前全园喷1次5～6波美度石硫合剂，或150～200倍果康宝或300倍果优宝，其中果康宝、果优宝可以与杀虫剂混用。

病疤处理。春季检查，发现病斑，应及时刮治，可用果康宝原液或果优宝2～3倍液涂抹病疤。也可以用益恩木、木美土里2～3倍泥涂抹病斑，至少2cm厚度，再用塑料条包扎即可。

夏季防治。在6月下旬到8月份，给树主干、大枝喷或涂10倍果康宝或20～30倍果优宝，预防效果极好。

## 五、根腐病

苹果根腐病是圆斑根腐病、根朽病、白绢病、紫纹羽、白纹羽等一类侵染性病害的统称，防治难度大，蔓延速度快。土壤板结透气性差，高湿高温发病快，地形低洼潮湿的黄土地发病多（料姜石土壤发病少）。另外，土壤中缺镁、铜等元素，也常使果树根部腐烂。主要防治技术如下：

加强地下管理，合理科学施肥，增肥地力，创造适宜根系生存的环境，实践证明，株施1000g荣昌硅钙镁钾肥加或益恩木生物有机肥对根腐病防治有特效。

生长期防治措施。用益恩木多效复合微生态制剂200～300倍+益恩木生化黄腐酸钾300倍混合液灌根，视树体大小，每株浇灌15～30kg，要保证根系充分接触溶液。

严重发生时,先疏除花果,减轻树体负担,再用高锰酸钾1000倍+益恩木中性全水溶调酸碱中微量元素肥200~300倍液浇果园,可控制根腐病为害。

## 六、轮纹病

轮纹病是为害果实和枝干的重要病害之一。系真菌引起的病害,病菌主要在受害部位或剪锯下来的病枝上越冬。病菌通过雨水传播,虽然果实是在接近成熟时开始发病,但是,病菌通常是在幼果时期侵入。防治要点如下:

1.清除病原

刮除枝干病瘤和粗翘皮,并把所有病残体及剪下来的病枝带出果园烧毁或深埋。然后全树进行药剂消毒,可选择喷施果优宝300倍、25%丙环唑(如金力士)6000倍、45%的代森铵400倍。

2.套袋防护

进行果实套袋,可有效预防果实发生病害。这几年为了降低生产成本推广无袋栽培,对病害严重地区,可以推广膜袋。

3.药剂防治

如果不套袋,苹果谢花后7~10d(春季雨水偏少时,可适当推后到5月下旬)开始至果实成熟前半个月,根据各地的降雨情况,视病害的发生情况喷施4~10次杀菌剂。前期(6月中旬以前)以有机杀菌剂为主,后期以波尔多液为主。生长期可选用的药剂包括:果优宝、丽致、丙环·多、三唑类杀菌剂(如金力士、剑力通、苯醚甲环唑、氟硅唑)、代森锰锌(高生)、波尔多液。

## 七、霉心病

苹果霉心病在元帅、红星、富士等品种上发生严重,主要在贮运期为害。近几年在富士苹果上为害越来越严重。霉心病症状表现为心室霉变和果心腐烂2种类型，在采收期主要为心室霉变；条件适宜时，贮运期发展为果心腐烂。防治苹果霉心病必须采用生长期预防和贮运期控制病害相结合的策略，具体措施如下：

1. 栽培措施

增施有机肥、磷钾肥和钙肥；改善通风透光条件；结合冬剪，集中处理残枝落叶和病果，树干喷施3～5波美度石硫合剂。

2. 药剂防治

一般在苹果开花前喷1次杀菌剂；重病园，在盛花期多喷1次；谢花后7～10d喷1次杀菌剂（如：农抗120、金力士、多抗霉素、异菌脲等）。

3. 低温贮藏

苹果采收后，放到15℃以下库内预贮，然后放入气调冷库中贮藏，可以减轻病害发生。

# 第二节　主要虫害防治

## 一、苹果小卷叶蛾（*Adoxophyes orana*）

苹果小卷叶蛾，俗名舔皮虫，果农称"小卷""串皮虫"，对苹果、桃、李等果树的果实及叶片为害极严重。

1. 生活习性

陕西关中平原地区1年发生3～4代，以2龄幼虫在果树的剪锯口、环剥伤口、裂缝、翘皮下结白色茧越冬，第2年富士花露红时出蛰爬行为害。冬代成虫发生在5月中下旬到6月上中旬，第1代成虫7月

# 第七章 病虫害防治

上中旬至8月上中旬出现。第2代8月中下旬至9月中下旬出现，第3代幼虫10月中下旬开始越冬。成虫产卵于叶面、果面的光滑处，干旱不利于产卵。

2.防治方法

人工防治。秋季主干梆草或包瓦楞纸诱集幼虫。冬春刮老翘皮消灭越冬幼虫。果树生长季节捏"虫苞"，利用糖醋液诱杀。

药剂防治。早春冬眠幼虫出蛰前，果树老剪锯口、环剥口及病虫等伤疤处用80%敌敌畏100倍液刷涂，消灭越冬幼虫效果显著。富士苹果花露红期，及时喷甲氰菊酯（阿托力）+阿维菌素或脲类杀虫剂。在各代成虫和卵期，喷氯氰菊酯+脲类（如杀铃脲、灭幼脲等）杀虫剂。大荔县果农的多年实践证明，幼虫猖獗为害时用40%安民乐+甲维盐或阿维菌素进行防治，效果不错。

## 二、桃小食心虫（*Carposina nipponensis*）

桃小食心虫，果农称"桃小"。在苹果、梨、桃、杏、李、枣等果树上年年发生，近年来因为禁用了高毒高残留农药，土壤药剂处理不够重视，树上用药时期不准确等，使"桃小"虫果率有上升趋势。

1.生活习性

该虫1年发生1~2代，以老熟幼虫在土壤中做圆茧越冬。翌年苹果落花后半个月左右，幼虫开始出土。继而在地面做夏茧化蛹。该虫在麦收期间开始出现越冬代成虫，盛期在6月中下旬。成虫主要产卵于果实萼洼处，初孵幼虫从果实胴部蛀入果实，被害果表面出现针头大小的蛀果孔，孔外出现泪珠状汁液，干后呈白色蜡状物。幼虫在果实内为害，造成纵横弯曲的虫道。虫粪留在果内，果实呈豆沙馅状。幼果被害后，生长发育不良，形成果面凹凸不平的"猴头果"。幼虫老熟后从果中脱出，8月中旬脱果的幼虫，一部分入土做茧越冬，另一部分继续发生下一代。防治分为地面防治和蛀果前树上防治。

2.防治方法

预测预报和地面防治。果园悬挂性诱剂，既能诱成虫，又能测报。5月上药剂处理树盘土壤。每667m²（亩）用50%辛硫磷或40%毒死蜱（安民乐）250～500g，加1倍水，拌土2500g制成毒土，撒入树盘，浅锄后耙平，封闭土壤。

根据测报或查卵决定用药。成虫产卵期的6月上中旬，第1代7月下旬至8月上旬为树上防治关键时期，喷布药剂有毒死蜱（安民乐）、灭幼脲、阿维菌素、氯氰菊酯等。

## 三、苹果球坚蚧（*Rhodococcus sariuoni*）

苹果球坚蚧，果农称"疙瘩蚧"。1年发生1代，以2龄若虫在小枝条上越冬。3月上中旬出蛰，下旬开始为害，4月中下旬成虫体背膨大成球形，排泄大量黏液，果农疏果套袋操作时，头发和衣服被黏液污染，此时正是全年为害高峰期。防治技术如下：

1.萌芽前

果树发芽前用6～8波美度石硫合剂或30%机油石硫合剂微乳剂400～600倍全园喷雾防治，全枝梢顶部必须喷到位。

2.芽膨大期

西部果友联盟连续3年在陕西、甘肃、山西、河南和河北等地的实践表明，苹果芽体刚露绿时，采用40%安民乐1000倍＋柔水通4000倍混合液进行喷雾防治，防治效果很好。

3.幼果期

5月中下旬至6月份防治1代初孵若虫，为最佳防治期，药剂有啶虫脒、吡虫啉、毒死蜱（安民乐）等。采果后喷杀扑磷、毒死蜱（安民乐）杀灭越冬前2龄若虫。

## 四、叶螨

为害苹果的主要有山楂叶螨、苹果全爪螨和二斑叶螨。其中苹果全爪螨在东北、胶东半岛和西北浅山果园和山楂叶螨混合发生,二斑叶螨则是近年来蔓延的新害螨。

山楂叶螨的成螨越冬型鲜红色,夏型枣红色,体枣状椭圆形。以成螨在树皮下、干基土缝中越冬,花芽膨大期出蛰,落花后出蛰结束,主要在叶背面为害,被害处叶正面出现黄褐色斑点,螨多时出现结网,严重时叶片枯焦。苹果全爪螨的越冬卵、夏卵均为红色,圆形,上有一柄,洋葱头形。雌成螨主要在叶正面为害。苹果全爪螨为害的叶片失绿,变成绿灰色,远处看和银叶病为害类似,若螨多在叶背面,不出现结网,一般不出现提前落叶。二斑叶螨的成螨越冬型橘红色,夏型污白色,体两侧各有明显的褐色斑1个。二斑叶螨果农称"白黄蜘蛛",寄生食性广,近来繁殖快而代数多,活动范围小,抗药性强,容易在种群内加速繁殖。

1.生活习性

山楂叶螨,1年发生3～6代,成螨于果树翘粗皮、土缝、果实萼洼、梗洼等处隐藏。翌春气温10℃以上出蛰,富士苹果蕾期为出蛰盛期,花期为冬螨产卵盛期。至7月以前各代发生比较整齐,7月以后世代重叠,进入发生为害高峰,10月份成螨越冬。

二斑叶螨,每年发生7～15代,成螨在果树翘裂皮、伤口以杂草、根际土块中越冬。翌年果树萌芽时,日均温10℃以上开始出蛰。地面越冬的个体,先在阔叶杂草取食繁殖,两性生殖,不交尾也可产卵,逐步上树为害,6月中旬至7月中旬为为害盛期,连阴雨天气有下降趋势,后期干旱再度猖獗,9月下旬向杂草转移,10月陆续越冬。喜群集于叶背主脉附近吐丝结网,于网下为害。喜高温干旱,温度在

25~31℃，相对湿度35%~55%时为害猖獗。

**2.防治技术**

早春清园、秋季树干绑草环或包绑纸板诱集越冬螨。

萌芽开绽期喷0.5波美度石硫合剂或30%机油石硫合剂微乳剂400~600倍。

实践证明，花序分离期、套袋前或夏收前用药很关键，实践证明这3次药加入螨涕或阿维菌素+柔水通，只要认真喷雾，完全可以控制叶螨的发生。

二斑叶螨在套袋后大发生时用三唑锡+阿维菌素，或喷炔螨特。山楂叶螨发生时用螨涕或哒螨灵+阿维菌素。

## 五、梨眼天牛（*Bacchisa fortunei*）

梨眼天牛幼虫蛀食枝干和枝条木质部，被害处树皮破裂，虫道外积满木渣和虫粪，受害枝易折断。果园离村庄、公路、水渠、沟边等近距离处受害极重，许多果农认为难防，因此而导致毁树的果园逐年增加。

**1.生活习性**

2年发生1代，以4龄以上幼虫越冬，翌春3月开始活动，4月中旬幼虫老熟化蛹。5月出现成虫，以食叶柄、叶脉、嫩叶来补充营养，交配产卵，成虫用上腭把树皮咬成"三"形痕，然后产卵于表皮中。孵化后幼虫取食为害，逐步蛀入木质部，但早、晚有爬出洞口取食的习性。

**2.防治方法**

受害重或杂树附近的果园，在5月（成虫期）喷40%毒死蜱（安民乐），或80%敌敌畏+菊酯类，连用2次，可取得显著效果。幼虫蛀入木质内，用注射针管向虫道注入10倍敌敌畏或20倍安民乐、辛硫磷

## 六、金纹细蛾（*Lithocolletis ringoniella*）

1. 生活习性

金纹细蛾每年发生5~6代，以蛹在落叶内越冬，苹果发芽时开始羽化，卵产在嫩叶背面，幼虫孵化后直接蛀入表皮下取食叶肉，叶背表皮翘起成白膜状。随幼虫长大，叶正面出现针眼网状斑，虫斑处皱缩。

2. 防治方法

清除虫源。秋季彻底清除落叶，消灭越冬蛹。

喷药防治。在麦收前平均百叶有活虫斑1个时，用性诱剂测报成虫羽化高峰，可喷洒灭幼脲胶悬剂或杀铃脲乳油，麦收后调查平均百叶活虫斑达3~5个时，用药同前。如果需要防治红蜘蛛时，可改用灭幼脲和哒螨灵复配的可湿性粉剂（如蛾螨灵），使用昆虫生长调节剂类药剂防治金纹细蛾，注意要在成虫产卵前喷药，才能取得良好效果。

注意保护天敌。金纹细蛾有8种寄生蜂，还有蜘蛛等天敌，果园尽量不使用广谱性农药，特别是菊酯类农药对金纹细蛾天敌杀伤严重，喷药时可用选择性农药。

## 七、苹果绵蚜（*Eriosoma Langerum*）

苹果绵蚜是一种检疫性害虫，近年来自东向西蔓延很快。

1. 生活习性

1年发生10~20代，多以1~2龄若虫在树皮缝、剪锯口、根颈部越冬。春季树液流动后开始为害，5~6月份进入为害高峰期，枝干、新梢均可受害。然后到9月中旬以后出现第2个为害高峰。成、若虫集中在剪锯口、新梢叶柄基部和根部为害，绵蚜聚集处分泌白色棉花状蜡丝，被害部肿胀成瘤状，严重削弱树势。

**2.防治方法**

加强检疫。禁止从疫区调运苗木，从疫区运出的接穗必须严格进行药物处理，可用40%安民乐乳油600~800倍或10%吡虫啉可湿性粉剂5000倍液浸泡5min。

药物防治。花前仔细检查树干、大枝，发现绵蚜虫斑，用40%毒死蜱（安民乐）乳油300倍液涂抹，花后用40%毒死蜱（安民乐）乳油2000倍液，或50%二溴磷乳油2000倍液喷雾。因苹果绵蚜体表覆有绒毛，药液难以黏着，故建议每次配药时一定要加入水质优化剂柔水通3000~4000倍。

保护天敌。可引进日光蜂消灭苹果绵蚜，注意保护自然天敌瓢虫、草蛉等。

# 第八章　苹果矮化高质量发展栽培关键技术

今后苹果发展的时代由数量型转变为质量型时代，苹果矮化高质量发展关键技术集成非常重要。

## 第一节　高质量苹果的质量指标

国家、省级鲜苹果标准较多，但市场消费者对标准的认识与国家、省级标准差距很大，一般人认为高质量苹果就是一级果标准。

### 一、果实外观指标

1.果实大小

大型果品种的果个直径大于等于80mm，如富士、秦脆、蜜脆、瑞雪、瑞香红、花牛等品种；爱妃、爵士等中型果大于等于70mm；鸡心果等小型果大于等于50mm。

2.果实形状

果形端正，不偏斜；果面无锈、无裂纹、无黑红点、无伤。

3.果实颜色

红色品种果面着色100%，黄色品种为金黄色，没有红晕。

## 二、果实内在指标

1.果实可溶性固形物含量

一般标准要求可溶性固形物含量大于等于12.5%，但高质量苹果要求达到14%，有些品种的含量本身就高，如福丽的含量多在17%以上。

2.果实硬度

不同品种硬度有差异，富士品种果实硬度大于等于每平方厘米8kg以上，嘎啦7kg以上。

3.其他指标

包括农药残留达到有绿色食品要求，最好达到有机食品要求。果实中钙含量、维生素C含量等根据国家标准执行。

# 第二节　高质量生产关键技术

生产苹果的栽培技术内容很多，但生产高质量苹果对技术要求更高，在生产中要抓住关键技术，不仅要精细管理，还要节约劳动力，降低生产成本。

## 一、高质量生产关键技术

1.严格进行疏花疏果

在化学疏花疏果的基础上，再进行人工定果。果实要下垂枝结果，留顶花芽、中心果，果台枝要20cm以上。

严格进行疏花疏果，每20~25cm留1个果实。每666.7m²套袋数量12000~18000个。

疏果定果应从落花后1周左右开始，花后4周内结束。具体到每一个果，应坚持以下原则：

①选留中心果、果形端正的果；疏除边果、小果。

②留大果，疏小果，幼果大小与果实最终大小的相关性很高，幼果之间大小差一点，到成熟采收时就差很多。所以留大去小是第一原则。

③留果台副梢长的果实。选留果台副梢长为第二原则。果台副梢强壮的果留，弱小的疏，对富士等多数品种而言，果台副梢强壮必是大果，反之是小果。

④留下垂果，疏朝天果；留形正果，疏畸形果，以及果柄过长过短的果、畸形果、腋花芽果。

2.合理施肥

对666.7m²的果园，施有机肥1500kg以上，或每株施商品有机肥4~8kg，再施荣昌硅钙镁钾肥50~100kg，或每株1kg，再施复合肥3~5kg。

肥料使用量依据：一般每生产100kg苹果，施纯氮0.6~1kg，纯磷0.2~0.4kg，纯钾0.5~1.1kg。但是氮肥利用率30%，磷肥10%，钾肥40%。幼树氮、磷、钾比例为1:1:1；初结果树为1:1:1；盛果期树为2:1:2；衰老期树为2:1:1。

美国最新研究666.7m²的果园5000kg的6年生矮化嘎啦树全年消耗营养钾6.68kg、氮3.68kg、钙2.65kg、镁0.81kg、硫0.3kg、磷0.16kg、铁0.02766kg、硼0.01741kg、锌0.01133kg、铜0.00865kg。说明苹果树钾、钙的需求量很大，果园施肥要重视硅钙镁钾肥的使用。

对666.7m²的1000kg的初结果幼树每666.7m²需要使用纯氮32kg，纯磷20kg，纯钾24.3kg。一般秋季施肥，氮肥占全年的50%，磷肥占70%，钾肥占30%。故秋季施肥量为纯氮16kg/666.7m²，纯磷17kg/666.7m²，纯钾7.3kg/666.7m²。如果每666.7m²施1.5t有机肥，化肥就可减少50%。建议：株施羊粪3kg或生物有机肥1kg，硅钙镁钾肥0.5kg。故秋季化肥选高氮、高磷、低钾的复合肥。建议每株施15:15:15的复合肥1kg，如果栽植密度为100株/666.7m²，相当于每666.7m²施15kg的纯氮肥，与16kg差距很小。666.7m²成本420元，如果为未结果树，尿素每株0.5kg，666.7m²合计230元。剩余的666.7m²纯氮16kg，纯磷3kg，纯钾17kg，通过生长季节滴灌施入。其中春季多施氮肥，夏季氮磷钾相当，膨大期以钾肥为主。秦安县郑建顺80hm²苹果园，产量2000~2500kg。提出每年666.7m²施羊粪2t，每吨340元，再加硅钙镁钾肥100kg、复合肥100kg，合计666.7m²投资800多元。其他时间不再施肥，也不灌水，但用地布保墒。

3.滴灌保墒

采用灌溉浇水。一般春季每5d滴灌1次，每次2~3h，同时加入肥料。或采用保墒措施，如天水的地布、地膜效果很好。

4.加强病虫害防控，保护叶片

针对病虫害发生情况，按时喷药及叶面肥，注意补充钙肥及中微量元素。

5.落叶前喷布尿素水

落叶时候喷布5%~8%尿素水1~2次，促进营养回流到根系，促进花芽后期分化，形成饱满花芽，保证来年坐果率及形成大果。

6.合理整形修剪

果园光照条件要好，666.7m²的果园乔化树留枝量5万~8万个，矮化树留留枝量8万~10万个，要求夏季透光率在25%~30%，叶面积系数在3左右，不能因为枝多影响到果园的苹果着色程度。

## 二、高质量发展肥水管理技术方案

1. 萌芽期

萌芽期主要防治腐烂病、干腐病、早期落叶病等和介壳虫、苹果绵蚜、卷叶蛾、潜叶蛾等。

喷药方案：45%毒死蜱乳油800倍+25%丙环唑乳油1500倍+绿植康（或氨基酸水溶肥）200倍。

施肥方案：此期重点是促进萌芽展叶，刺激树体健壮生长，可补充速效氮和钙，在萌芽前选用硝酸铵钙5kg/666.7m$^2$+绿植康（或氨基酸水溶肥）3kg/666.7m$^2$，进行一次滴灌追施。

2. 花序分离期

主要防治早期落叶病、白粉病、黑星病、锈病、霉心病等和介壳虫、苹果绵蚜、绿盲蝽、卷叶蛾、潜叶蛾等，以及叶螨类害虫等。

喷药方案：200g/L美甜（有效成分：苯甲·氟唑菌）悬浮剂2000倍+5%甲维盐高氯2000倍+迈普润硼1500倍+0.004%高芸苔素内酯2000倍+绿植康（或氨基酸水溶肥）200~300倍

施肥方案：此期继续补充速效氮和钙，可在开花前选用硝酸铵钙5kg/666.7m$^2$+中化绿植康（或氨基酸水溶肥）5kg/666.7m$^2$，分2次滴灌追施。

3. 花后第一次用药期

主要防治早期落叶病，黑星病、锈病、炭疽病等和蚜虫、卷叶蛾、潜叶蛾，以及叶螨类害虫等。

喷药方案：25%吡唑醚菌酯悬浮剂1500倍+20%噻虫胺悬浮剂3000倍+硼1500倍+钙1500倍+0.004%高芸苔素内酯2000倍。

### 4.花后第二次用药期

主要防治早期落叶病、黑星病、锈病、炭疽病等和蚜虫、卷叶蛾、潜叶蛾等。

喷药方案：40%腈菌唑悬浮剂3000倍+25%吡唑醚菌酯悬浮剂1500倍+5%高效氯氟氰菊酯水乳剂2000倍（或20%溴氰菊酯吡虫啉2000倍）+硼1500倍+迈普润钙1500倍+0.004%高芸苔素内酯2000倍。

施肥方案：此期继续加强氮和钙肥的补充，确保幼果发育，可选用硝酸铵钙7kg/666.7m$^2$+绿植康（或氨基酸水溶肥）5kg/666.7m$^2$，分2次滴灌追施。

### 5.花后第三次用药期（套袋前）

主要防治早期落叶病、黑星病、锈病、炭疽病等和蚜虫、卷叶蛾、潜叶蛾，以及叶螨类害虫等。

喷药方案：40%苯醚甲环唑悬浮剂3000倍+80%代森锰锌可湿性粉剂800倍+5%甲维盐高氯水乳剂2000倍+20%乙螨唑悬浮剂2000倍+硼1500倍+钙1500倍+0.004%高芸苔素内酯2000倍。

施肥方案：此期重点是加强养分均衡供应，促进幼果发育，可选用水溶肥（18-18-18）6kg/666.7m$^2$+绿植康（或氨基酸水溶肥）6kg/666.7m$^2$，分2次滴灌追施。

### 6.套袋后第一次喷药期

主要防治早期落叶病、黑星病、炭疽病等和蚜虫、苹果绵蚜、卷叶蛾、潜叶蛾等。

喷药方案：选喷200g/L美甜（有效成分：苯甲·氟唑菌）悬浮剂2000倍+5%高效氯氟氰菊酯水乳剂2000倍（或20%溴氰菊酯吡虫啉2000倍）+钙1500倍+磷酸二氢钾500～600倍。

施肥方案：此期重点是促进根系生长，加速花叶分化，可选用复合肥（10-35-10）水溶肥6kg/666.7m$^2$+绿植康（或腐殖酸水溶肥）

6kg/666.7m²,分2次滴灌追施。

**7.套袋后第二次喷药期**

主要防治早期落叶病、黑星病、炭疽病等和叶螨类害虫等。

喷药方案:可自备波尔多液,或者选用12%松脂酸铜悬浮剂300倍+20%乙螨唑悬浮剂2000倍+磷酸二氢钾500倍+钙1500倍。

施肥方案:此期重点是促进花芽分化和果实膨大,水溶肥(10-5-35)6kg/666.7m²+绿植康(或腐殖酸水溶肥)6kg/666.7m²,分2次滴灌追施。

**8.套袋后第三次喷药期**

主要防治早期落叶病、黑星病、炭疽病等,以及潜叶蛾、卷叶蛾等。

喷药方案:选喷40%苯醚甲环唑悬浮剂3000倍+80%代森锰锌可湿性粉剂800倍+5%甲维盐高氯2000倍+20%乙螨唑悬浮剂2000倍+磷酸二氢钾500倍+钙1500倍。

施肥方案:此期可选用水溶肥(10-5-35)6kg/666.7m²+绿植康(或腐殖酸水溶肥)6kg/666.7m²,分2次滴灌追施。

**9.除袋后着色前喷药期**

主要防治早期落叶病等,可选用多菌灵800倍,或者选用12%松脂酸铜悬浮剂300倍+磷酸二氢钾500倍+钙1500倍.

秋季施肥方案:每666.7m²施生物有机肥300~500kg,硫酸钾型复合肥40~60kg,中微量元素肥20~30kg,如荣昌硅钙镁钾。

**10.其他**

(1)预防花期晚霜冻害

开花前全园喷保势腾(意大利瓦拉格罗出品)2000倍+0.004%高芸苔素内酯2000倍+硼肥1500倍。

（2）预防霉心病方案

花落30%时，喷10%多抗霉素可湿性粉剂1000~1500倍+硼1500倍+绿植康（或氨基酸）200倍。

（3）防治腐烂病涂干方案

刮除病疤后，用3%甲基硫菌灵（果康宝）原液+绿植康（氨基酸）5倍涂病部。

（4）喷药次数结合当地实际进行调整，一般套袋前每10~15d喷1次农药，套袋后每15~25d喷1次药，干旱少喷，多雨多喷。农药及肥料的产品结合当地实际灵活选择，不要照搬此方案产品，可以选择同类产品。西藏、内蒙古、宁夏等病虫害少的地方，可以减少喷药次数。

# 附录一  主要病虫害及防控药剂

| 病虫害名称 | 为害部位 | 主要防控药剂 |
|---|---|---|
| 褐斑病 | 叶片 | 三唑类、甲基硫菌灵、代森锰锌等 |
| 斑点落叶病 | 叶片、果实 | 多抗霉素、宝丽安、扑海因等 |
| 炭疽轮纹病 | 果实、枝干 | 甲基硫菌灵、果优宝等 |
| 霉心病 | 果实 | 多抗霉素、宝丽安、扑海因等 |
| 黑星病 | 叶片、果实 | 苯甲·氟唑菌、氟唑菌、密霉胺、氟硅唑、吡唑醚菌酯、晴菌唑 |
| 白粉病 | 叶片 | 吡唑醚菌酯、晴菌唑 |
| 锈病 | 叶片 | 三唑类 |
| 腐烂病 | 枝干 | 果优宝、果康宝、三唑类 |
| 小叶病 | 叶片 | 锌肥 |
| 黄叶病 | 叶片 | 铁肥 |
| 花叶病及花脸病 | 叶片、果实 | 培育无病毒苗木 |
| 叶螨 | 叶片 | 哒螨灵、三唑锡、阿维哒螨灵 |
| 金纹细蛾 | 叶片 | 灭幼脲3号、吡虫啉 |
| 卷叶虫 | 叶片 | 毒死蜱、菊酯类、辛硫灵 |
| 金龟子 | 叶片、花 | 毒死蜱、辛硫灵 |
| 食心虫 | 果实 | 辛硫灵、甲维氯氢 |
| 星毛虫 | 叶片 | 毒死蜱、辛硫灵、甲维氯氢 |
| 天牛 | 树干 | 敌敌畏、毒死蜱 |
| 蚜虫 | 叶片 | 吡虫啉、啶虫脒、吡蚜铜 |

# 附录二　农药使用兑水比例

| 农药使用倍数 | 加入农药量（mL） | | | | | |
|---|---|---|---|---|---|---|
| | 15kg水加药量 | 30kg水加药量 | 40kg水加药量 | 45kg水加药量 | 50kg水加药量 | 500kg水加药量 |
| 100倍 | 150 | 300 | 400 | 450 | 500 | 5000 |
| 200倍 | 75 | 150 | 200 | 225 | 250 | 2500 |
| 300倍 | 50 | 100 | 133.3 | 150 | 166.7 | 1666.7 |
| 400倍 | 37.5 | 75 | 100 | 112.5 | 125 | 1250 |
| 500倍 | 30 | 60 | 80 | 90 | 100 | 1000 |
| 600倍 | 25 | 50 | 66.7 | 75 | 83.3 | 833.3 |
| 700倍 | 21.4 | 42.9 | 57.1 | 64.3 | 71.4 | 714.3 |
| 800倍 | 18.8 | 37.5 | 50 | 56.3 | 62.5 | 625 |
| 900倍 | 16.7 | 33.3 | 44.4 | 50 | 55.6 | 555.6 |
| 1000倍 | 15 | 30 | 40 | 45 | 50 | 500 |
| 1500倍 | 10 | 20 | 26.7 | 30 | 33.3 | 333.3 |
| 2000倍 | 7.5 | 15 | 20 | 22.5 | 25 | 250 |
| 2500倍 | 6 | 12 | 16 | 18 | 20 | 200 |
| 3000倍 | 5 | 10 | 13.3 | 15 | 16.7 | 166.7 |
| 3500倍 | 4.3 | 8.6 | 11.4 | 12.9 | 14.3 | 143 |
| 4000倍 | 3.8 | 7.5 | 10 | 11.3 | 12.5 | 125 |
| 4500倍 | 3.3 | 6.7 | 8.9 | 10 | 11.1 | 111 |
| 5000倍 | 3 | 6 | 8 | 9 | 10 | 100 |

# 主要参考资料

[1] 洪建源.国外苹果树砧木的研究及利用情况[M]//中国农业科学院郑州果树研究所.果树砧木论文集.西安:陕西科学技术出版社,1985.

[2] 沈隽.苹果矮化密植发展中急需研究的几个问题[M]//中国农业科学院郑州果树研究所.果树砧木论文集.西安:陕西科学技术出版社,1985.

[3] 王继世,张桂琴.苹果砧木利用情况概述[M]//中国农业科学院郑州果树研究所.果树砧木论文集.西安:陕西科学技术出版社,1985.

[4] 杨静慧,杨思琴,杨焕婷.苹果砧木资源抗旱性研究[J].华北农学报,1996,11（2）:81-86..

[5] 姜林,姜铭.世界各国苹果矮化砧选育综述[J].北方园艺,1994（6）:26-28.

[6] 赵大鹏,孟素琴,陈新平.苹果矮化砧木选育的几项工作简结[M]//中国农业科学院郑州果树研究所.果树砧木论文集.西安:陕西科学技术出版社,1985.

[7] 刘圣民,李丙智,包树新.矮化苹果栽培技术问答[M].西安:西北大学出版社,1988.

[8] 李丙智.张育才.赵斌亮,等.矮化苹果栽100问[M].西安:西北大学出版社,1990.

[9] 侯怀斌,李丙智.苹果修剪技术的变革[J].西北园艺,1998（5）:4-5.

[10] 韩明玉,李丙智,高妍,等.美国等7个苹果主产国生产简况[J].中国果树,2005（5）:61-62.

[11] 束怀瑞.苹果标准化生产技术原理与参数[M].济南：山东科学技术出版社,2015.

[12] 李丙智，李永焘，张立功.苹果矮化自根砧栽培及EM（益恩木）技术应用[M].北京：中国农业出版社，2017.